my baby loves to eat

宝宝吃饭不愁人

聪明妈妈的创意美食

面团妈妈 主编

新时代出版社
New Times Press

图书在版编目（CIP）数据

聪明妈妈的创意美食 / 刘晶晶著. -- 北京 ：新时代出版社，2013.9

(宝宝吃饭不愁人 / 面团妈妈主编)

ISBN 978-7-5042-1977-0

Ⅰ. ①聪… Ⅱ. ①刘… Ⅲ. ①婴幼儿－食谱 Ⅳ. ①TS972.162

中国版本图书馆CIP数据核字(2013)第197137号

新时代出版社 出版发行

（北京市海淀区紫竹院南路23号 邮政编码100048）

北京市雅迪彩色印刷有限公司印刷

新华书店经售

*

开本 710×1000 1/16 印张 14 字数 220千字

2013年9月第1版第1次印刷 印数 1-6000册 定价 35.00元

国防书店：（010）88540777 发行邮购：（010）88540776

发行传真：（010）88540755 发行业务：（010）88540717

聪明妈妈的食物魔法

你相信吗？每个妈妈都是天生的魔法师，不管是新手妈妈或是厨房菜鸟，都可以为了宝贝成为玩转食物的魔法师，因为我们有个共同的称呼——妈妈。

我记得面团也有挑食的时期，但我会觉得很高兴，因为感觉面团长大了，有了自己对食物的判断与喜好，作为妈妈我很开心。那时的他对形状有了认知，他会说喜欢圆的或是三角的……我一下知道，面团喜欢什么了，所以我会把小黄瓜做成三角形的，把胡萝卜刻成小花造型的，把鸡蛋饼做成小猫造型的，这些形状的变化都很吸引他。

小孩子都是喜新厌旧的，他们对这个世界充满好奇，如果你一天三顿饭都给他一样类型的饭菜，他势必要反抗！所以妈妈这个魔法师角色就要开始挥舞魔法棒啦，在宝贝的饭菜上多花些心思，让它们变得丰富多彩起来。妈妈不仅要培养宝贝的想象力，自己的想象力也要不断进步哦！

米饭一定是白色的吗？蛋羹一定是黄色的吗？饼干一定是圆形的吗？这些答案是什么？需要你用心去体会，也可以在我的书里找到答案。

你家的餐桌只有中餐吗？妈妈也可以为宝贝做点西餐，做点中西融合餐，做点创意菜。别小看这些小家伙的味蕾，他们可是很识货的！面团有个时期超爱意大利面，每次问他今天想吃点什么时，他的回答一定是意大利面。那个时候我会变着花样和口味给他做意大利面，每次吃完面他都像个小花猫，满嘴、满身都是番茄酱。但他吃得很开心，我看着也很满足。

妈妈不要担心自己什么都不会做，其实你一定可以的。因为看着宝贝大口大口地吃着你做的饭，就是对自己最大的鼓励与激励。说到方法，你可以从书里找到你想要的所有答案，这里包含了宝贝的创意菜怎么做、宝贝的蔬菜怎么变着花样做，甚至是宝贝的零食，主食怎么做，甜品怎么做等，都会手把手教给你。只要你挎上菜篮子勇敢地迈出第一步，就意味着成功。

宝贝的成长路上，妈妈一直在不断地鼓励着他们的进步，其实有时也要积极地、不吝啬地鼓励自己一下，因为我们每天也在进步着、成长着。

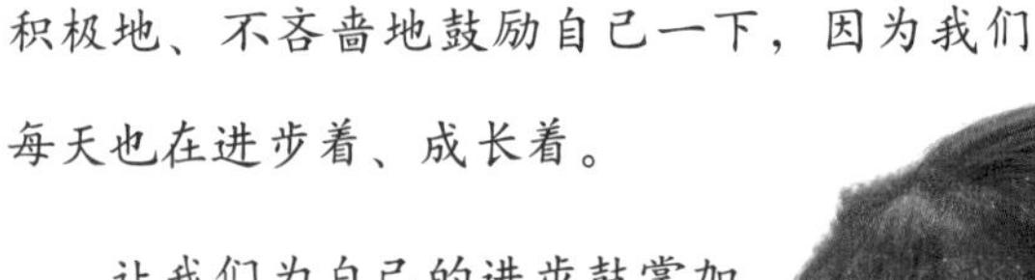

让我们为自己的进步鼓掌加油吧！让宝贝的餐桌从此丰富多彩起来，相信我们都是伟大的食物魔法师。

面团妈妈

2013.6.1

目录

CONTENTS

Part 1 百变米饭

Part 2 面面俱到

Part 3 菜色可餐

baby food
聪明妈妈的创意美食

活泼小食

Part 5 汤汤水水

my baby loves to eat

百变米饭

今天老虎在家哦!

小老虎造型饭团

面团妈妈小叮咛 最好选择用不粘锅以小火摊鸡蛋皮，这样保证不会失败哦!

米饭……………………1碗
鸡蛋……………………1个
海苔……………………1张

<用料>

<调料>

盐………………1茶匙(5g)
植物油……………… 适量

<做法>

1 将鸡蛋打成蛋液，在油锅中摊成鸡蛋皮备用。

2 带上一次性手套，在米饭中加入少许盐搅拌均匀，将米饭捏成两大四小的六个饭团。

3 将大饭团按扁做成小老虎的头，将小饭团按扁，放在饭团上方的左右两侧，做小老虎的耳朵。

4 将鸡蛋皮盖在饭团上，切掉多余的外轮廓边挖去耳朵和嘴巴部分位置的蛋皮，留出部分白来。

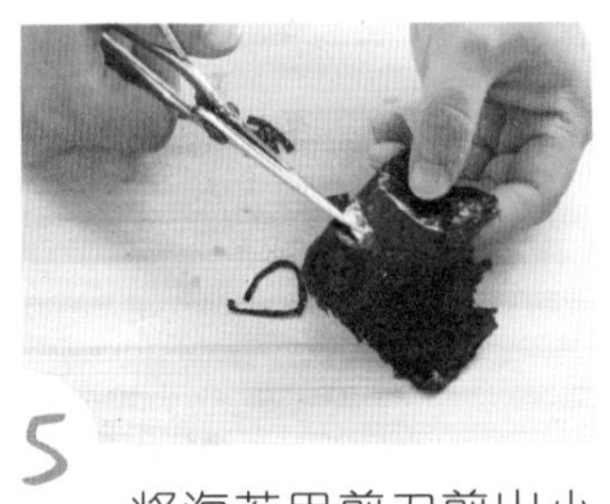

5 将海苔用剪刀剪出小老虎的各种轮廓线（如图所示）。

6 将剪好的海苔贴在饭团上，进行适当修剪即可。多余的米饭和蛋皮可放在小老虎周围装饰用。

一看到你就想笑!

香肠蛋包饭

<用料>

鸡蛋……………………1个
洋葱……………………30g
香肠……………………30g
胡萝卜…………………20g
米饭……………………1碗

<调料>

植物油… 1汤匙(15毫升)
盐…………………… 3g
黑胡椒碎……………… 2g
番茄沙司…1汤匙(15毫升)

1 将洋葱、胡萝卜洗净，去根、外皮，切成碎丁；香肠也切成小丁；将鸡蛋打成蛋液备用。

2 炒锅烧热，倒入植物油，油热后入洋葱煸炒出香味，入胡萝卜和香肠翻炒1分钟左右。

3 倒入米饭翻炒均匀，撒上盐调味，熄火。

4 将蛋液倒入平底锅中摊成蛋皮，尽量摊大点。

5 蛋皮上撒上些黑胡椒碎，将米饭放中间，不要放太多了，要考虑到还要包起来。

6 将蛋皮四周翻起来包住米饭。

7 小心的整理出几何形状即可，将蛋包饭取出放在盘中，在蛋包饭上淋上番茄沙司就可以开动啦。

爱吃萝卜爱吃菜：

胡萝卜青菜饭卷

<用料>

青菜……1棵
米饭……1碗
胡萝卜……1/3根
洋葱……1/4个
肉末……50g
鸡蛋……1个
紫菜……2～3片

<调料>

植物油…… 1汤匙(15ml)
料酒…… 1茶匙(5ml)
盐…… 3g

<做法>

1 将所有用料清洗干净，将青菜、胡萝卜、洋葱和肉切成末。

2 鸡蛋打成蛋液，放入油锅中炒熟，并且成为鸡蛋碎盛出备用。

3 将锅烧热，倒入植物油，烧热后下入洋葱翻炒，然后倒入肉末翻炒，撒点料酒，继续翻炒，加入胡萝卜翻炒均匀，倒入米饭翻炒，加入鸡蛋碎翻炒，加入切碎的青菜末翻炒，最后撒盐调味，炒匀出锅。

4 将寿司帘铺在案板上，在寿司帘上铺上一层保鲜膜，在保鲜膜上铺上一层紫菜，在紫菜上均匀地铺上青菜蛋炒饭，然后卷起来，收口朝下放，切段即可食用。

又甜又糯又好看!

八宝饭

<用料>

黑糯米……………… 200g
白糯米……………… 100g
红豆沙馅………………40g
蜜枣……………………3颗
莲子……………………6粒
腰果……………………6粒
葡萄干……………… 20颗
小红枣……………… 10颗

<调料>

植物油…… 2茶匙(10ml)
白糖……………………5g

<做法>

1 将红枣、莲子、腰果提前1天放在清水中浸泡。

2 将黑白米洗干净，加水超出米面1.5厘米高左右，喜欢干的可少加点，入电饭煲煮成米饭备用。

3 在米饭中趁热拌入白糖和植物油，搅拌均匀。

4 取一圆底的碗，将蜜枣、莲子、腰果、葡萄干、小红枣整齐地铺在碗底，然后带上一次性手套，抓一大把饭按压在上面，同时压到碗壁四周。

5 取豆沙馅按入中间的凹陷处，再取适量米饭盖住豆沙馅，再次用力按压平整。

6 将做好的八宝饭入蒸锅中，用中小火隔水蒸50分钟即可。

小小生活，有爱就好：

五谷大虾饭团

面团妈妈小叮咛 1.五谷杂粮米可以自己随意配，也可以在超市粮食柜台买到，聪明的妈妈开动脑筋吧！2.煮饭时米饭最好煮的稍软一些。

〈用料〉

五谷杂粮米………… 100g

大虾………………………6只

〈调料〉

盐………………1茶匙(5g)

糖………………………… 3g

〈做法〉

1 五谷杂粮米淘洗干净；大虾去壳、虾线，注意在去壳的时候要留住大虾的尾巴，洗净，沥干水分备用。

2 将洗净的五谷杂粮米加入适量清水，放入电饭煲煮。

3 当米饭刚煮好，电饭煲开火跳掉之后，将洗好的大虾放在米饭上，焖约5分钟。

4 在煮好的米饭中加入盐或糖拌匀，晾至不烫手为最佳。

5 将调好味的米饭和虾握成饭团，捏紧即可。

吃光光后我们出去玩吧!

海苔五彩饭

<用料>

米饭……………………1碗

黄瓜……………………50g

虾仁……………………30g

水发黑木耳……………10g

鸡蛋……………………1个

海苔……………………10片

<调料>

儿童酱油………………5ml

橄榄油…………………10ml

姜汁……………………少许

1 虾仁洗净，去除虾线，用儿童酱油和姜汁腌制10分钟，切小丁。

2 黄瓜洗净，切小丁；水发黑木耳洗净，去蒂，切碎。

3 鸡蛋磕入碗中打散，搅匀，将蛋液倒入烧热的平底不粘锅，用小火煎成蛋饼，取出，切成小丁。

4 炒锅上火，倒入橄榄油，放入虾仁、黑木耳、黄瓜丁、米饭，炒散炒透，加鸡蛋丁炒匀熄火。

5 取一片海苔对折，用小勺盛取适量炒饭，放在海苔中央。

6 用同样的方法再做七份，取其中的七份海苔炒饭，摆在盘的外围。

7 取海苔，在上面平铺炒饭，卷成卷，放在盘中央，用同样的方法再做好一海苔卷，并列放好。

8 在海苔卷上按照做法⑤做一份海苔饭即可。

慢时光，好时光：

三文治饭团

面团妈妈小叮咛 米饭最好用刚蒸好的新鲜的米饭，再加少许糯米可以使饭团粘合得更好。

〈用料〉

熟米饭1碗(大米、小米混合)
午餐肉……………… 100g
西兰花…………………50g
海苔……………… 2～3张

〈调料〉

芝麻………… 2茶匙(10g)
盐……………1茶匙(5g)
植物油……………… 适量

〈做法〉

1 西兰花掰成小朵，洗净，放入沸水中焯水，捞出，控干水分备用。

2 将沥水后的西兰花切成细末，加芝麻和盐调味，充分搅拌均匀。

3 将午餐肉从盒中取出，切成厚片，放入油锅中煎至两面呈金黄色。

4 利用午餐肉的包装盒，在盒里铺入一层保鲜膜，放入一层米饭、一层西兰花。

5 再铺上一层米饭，用勺背压实压平取出。

6 在米饭上放上一片午餐肉，用海苔片卷起来即可食用。

小狗洗澡喽!

鸡肉咖喱饭

<用料>

鸡腿……………………4个
土豆……………………1个
胡萝卜…………………1根
洋葱……………………1/2个
熟米饭…………………适量

<调料>

植物油……2汤匙(30ml)
咖喱酱…………………1盒
巧克力豆………………8个
海苔……………………适量

1 将鸡腿洗净，去骨，切块；土豆、胡萝卜去皮，切块；洋葱去根、外皮，切丝。

2 锅中倒入适量植物油，烧至7成热的时候放入洋葱煸炒出香味，随后放入鸡块炒至变色，再放土豆、胡萝卜炒约10分钟。

3 向锅中倒入适量热水，烧开，放入咖喱酱焖煮15分钟，熄火，盛入准备好的椭圆形的碗中。

4 小狗的制作：用保鲜膜包住适量白米饭，团成一头大一头小的椭圆，形成小狗的头部形状。

5 去掉保鲜膜，将小颗巧克力糖安在头部的眼睛部位。

6 再将海苔剪出小狗鼻子形状，贴在小狗的鼻子部位。把海苔剪成嘴唇形状，安在嘴巴部位成为小狗的嘴巴。

7 再用上面的方法做出小狗的两只耳朵和四肢，用海苔贴出小狗脚掌。

8 轻轻把小狗狗的各个部位组装到澡盆中即可。

妈妈是厨房魔术师：

培根海苔糍饭糕

面团妈妈小叮咛 1.制作米饭糕时一定要用力压紧实，这样在切片时才不容易松散。2.切片时刀的两面都要蘸点水，每切一片都要蘸一下。

用料

大米…………………… 220g
糯米……………………80g
培根碎……… 2汤匙(30g)
海苔碎………………… 适量

调料

葱花………………… 适量
植物油……………… 少许
盐……………1茶匙(5g)

做法

1 将大米和糯米混合淘洗干净，放入清水中浸泡4小时后，放入电饭锅中，加入盐拌匀，煮成米饭。

2 将米饭用饭勺打散，加入培根碎、海苔碎和葱花拌匀。

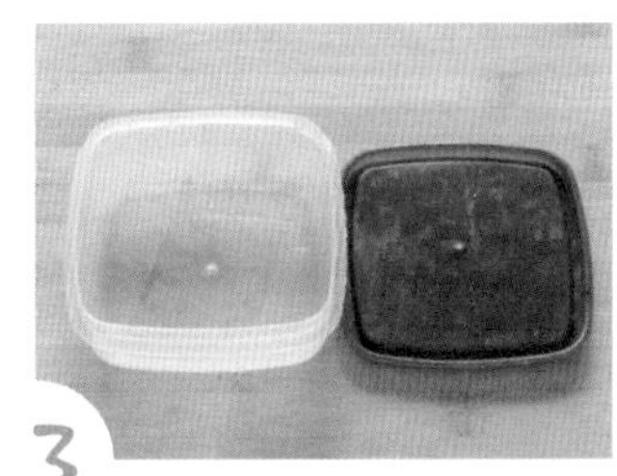

3 取一个方形的保鲜盒，在盒底以及盒壁四周抹层植物油。

4 将拌好的饭倒入盒里，用力压紧压实，放冰箱冷藏一夜。

5 第二天将冷却后的米饭糕从盒里取出，砧板上抹层植物油，将米饭糕放在砧板上，切成15厘米厚的片。

6 锅内倒入植物油，大火烧至6成热，放入切好的米饭糕，中火炸至金黄色即可。

小泰迪熊，乖乖的！

小熊寿司

面团妈妈小叮咛 切寿司时，每切一刀前都要把刀在水里蘸一下，这样切出来的寿司，切面图案会很清晰而不会粘连糊掉，虽然麻烦但是必须的。

〈用料〉

新鲜白米饭………… 200g
寿司用海苔……………8张
火腿肠…………………2根

〈调料〉

酱油……… 2汤匙(30ml)
盐………………1茶匙(5g)
白醋………… 1茶匙(5ml)

〈做法〉

1.白米饭做好后，盛出，摊开，晾凉，加入少许盐、白醋搅拌均匀备用。

2.取一张寿司海苔片，放上细细的一条酱油炒饭，卷起来，依此法共做两条。

3.取一张寿司海苔片，铺上一层酱油炒饭，再放上一根火腿肠，然后卷起来，卷紧。

4.再取一张寿司海苔片，铺上白米饭，先放上两条细细的酱油炒饭卷，再在两条之间放上酱油火腿卷，再一并卷起来。

5.用刀把寿司卷切成1.5cm厚的小块，这时已经能看到很清晰的小熊造型了！

6.再用海苔片剪成小圆片，用来装饰小熊的眼睛和鼻子即可。

妙不可言的多重奏：

杂粮炒饭

〈用料〉

香米……50g

紫米……50g

小米……30g

红黄绿彩椒……各30g

鸡肉……100g

〈调料〉

盐…… 2g

白胡椒粉……1/2茶匙（3g）

植物油… 1汤匙（15毫升）

〈做法〉

1 将香米、紫米、小米淘洗干净，放入电饭煲内煮熟，盛出，晾凉。

2 鸡肉洗净后切成小丁；红黄绿彩椒洗净，去籽、蒂，切成小丁备用。

3 锅中倒入适量植物油，烧至三成热时放入鸡丁翻炒，待鸡丁变白后放入彩椒丁翻炒均匀后，加入盐、白胡椒粉调味，最后放入煮好的杂粮米饭翻炒出锅即可。（如果喜欢可以留半个红椒作为容器盛装米饭。）

面团妈妈小叮咛

这款杂粮炒饭不要过于油腻，主要是借助鸡肉的香味为杂粮饭增色，二者相互融合为一体最好，所以，鸡丁可以切的尽量小，油也要尽量少放，达到不油不腻浑然一体为最佳。

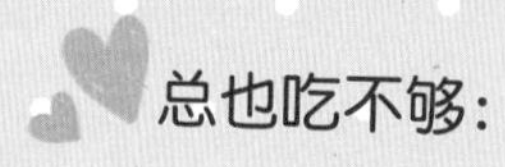

笋香牛肉炒米饭

香米……………………80g
牛肉……………………60g
芦笋……………………50g
紫洋葱…………………40g
青豆……………………20g

调料

生抽……… 1汤匙(15ml)
蚝油………… 1汤匙(15g)
盐………………………… 2g
绍酒………… 1茶匙(5ml)

1 香米淘洗净，放入电饭煲内煮熟备用。

2 牛肉洗净切丝，芦笋去掉外皮切小段，紫洋葱洗净切丝。

3 锅烧热倒入适量油，放入牛肉丝滑散，待牛肉变色放入芦笋、紫洋葱、青豆继续翻炒，加入生抽、蚝油、盐、绍酒调味，熄火。

4 将煮熟的米饭与炒好的牛肉丝搅拌均匀，盛入碗中即可。

面团妈妈小叮咛

牛肉丝要想口感软嫩滑爽，就要保证在热锅凉油的状态下将其下锅翻炒，首先烧热锅体，然后放入油时，立即放入牛肉丝，进行不断地煸炒就可以了。

想起来都要流口水：

意大利红烩饭

〈用料〉

米饭……………………100g
口蘑………………………80g
番茄………………………1个
芹菜………………………30g
紫洋葱……………………30g

〈调料〉

芝士碎……… 1汤匙（15g）
番茄酱……… 1汤匙（15g）
蒜蓉………… 2茶匙（10g）
法香碎…………1茶匙（5g）

〈做法〉

1 将口蘑洗净去蒂切片，番茄去皮、芹菜、紫洋葱洗净切成小块备用。

2 锅中放油，油热后将蒜蓉放入锅中翻炒出香味后，放入切好的番茄、芹菜、洋葱、口蘑炒熟，放入番茄酱加水熬煮。

3 待汤汁已差不多变少，将米饭倒入锅中，搅拌均匀，开小火煮到汤汁完全收干。

4 最后撒上芝士碎、法香碎即可。

面团妈妈小叮咛

用来做烩饭的米饭不要选择过于粘软的，要尽量将米饭做到粒粒分明，颗粒晶莹饱满，如果是半熟的米饭就最好了，在锅中经过汤汁慢慢将其煨熟，口感更佳。

嗯！就是这个味儿！

奶酪焗饭

奶酪…………………… 100g
蒸熟的米饭………… 100g
芦笋……………………5根
腊肠……………………3根
胡萝卜…………………30g

黑胡椒碎………1茶匙(5g)
盐……………1/2茶匙(3g)

1 芦笋洗净，去外皮，切丁；腊肠切丁；胡萝卜去皮切粒；奶酪刨成丝。

2 将蒸熟的米饭盛入烤盘中，芦笋、腊肠、胡萝卜、奶酪丝、黑胡椒碎、盐混合均匀，撒在米饭上备用。

3 放入已经预热好的烤箱，以200℃烤10分钟，待奶酪完全熔化即可。

面团妈妈小叮咛

焗饭最关键就在于不能出水，在烤制的过程中，但凡有一点水渗出，那这份焗饭的口感就肯定大打折扣了。所以，各种加入其中的蔬菜清洗干净是必要的，但是一定注意沥干水分。

肉肉，快来救驾！

叉烧饭

面团妈妈小叮咛 1.烤肉的时候垫放锡箔纸可以让烤制出来的肉鲜美多汁，避免了烤干的可能。2.可以在饭快熟时，把叉烧肉切片铺上去闷一会儿。

米饭…………………… 100g
里脊肉………………… 100g

蒜………………………… 5g
葱………………………… 5g
白糖……………1茶匙(5g)
叉烧酱……… 1汤匙(15g)
植物油…… 2茶匙(10ml)
水淀粉……………… 10ml

1 里脊肉清洗干净，在表面轻轻划开几个口儿；把蒜和葱剥去外皮，洗净切碎，放在一个碗里与适量叉烧酱调匀，做成调味酱汁备用。

2 把猪肉放在小盆里，用调味酱汁腌上大约45分钟备用。

3 先把烤盘预热2分钟，在烤盘上铺好锡箔纸，再把肉放进去烤15分钟；看到肉缩小了，取出翻面，再放进烤炉继续烤15分钟，叉烧肉就做好了。

4 烧热锅，放剩下的叉烧酱、糖、盐、料酒、水淀粉、少许清水，放在火上一边搅一边熬，收成略有稠度的汁。

5 在米饭上码上切成片的叉烧肉，再浇上熬好的浓汁即可。

春游的时候，总给我争光：

酱香油饭团

<用料>

糯米……………… 100g

猪里脊肉……………… 80g

干香菇……………… 5g

海苔片……………… 15g

虾米……………… 3g

<调料>

植物油……………… 10ml

酱油……………… 5ml

料酒……………… 7ml

姜汁……………… 4ml

胡椒粉……………… 3g

盐……………… 2g

<做法>

1 糯米洗净，浸泡4小时，以水量与米量1：1的比例放入电锅中焖煮，煮好后继续焖10分钟备用。

2 猪里脊肉洗净，切丁，与酱油、料酒、盐、胡椒粉、姜汁搅匀，放冰箱冷藏室，腌渍30分钟。

3 虾米用温水浸泡60分钟，切细丁；干香菇用凉水泡软，洗净，切丁。

4 锅烧热后倒入植物油，放入腌渍好的里脊肉丁，炒至变色后，再加入虾米丁、香菇丁拌炒，转小火，加入酱油、料酒，煮至入味收汁，熄火。

5 将做好的肉丁与糯米饭搅匀，捏成饭团，准备好海苔，在饭团外侧再贴上海苔片即可。

my baby loves to eat

面面俱到

我是妈咪的小情人：

紫薯玫瑰花馒头

〈用料〉

〈调料〉

面粉………………… 250g
紫薯泥……………… 200g

30℃的温水 ……… 15ml
酵母……………………… 2.5g

1 将酵母用温水完全融化，倒入面粉中，再倒入煮熟冷却的紫薯泥，用手将面团和到三光(面光、手光、盆光)。

2 将面团放在盆中，盖上一块湿布，放温暖处自然饧发1～2小时，一般室温23℃左右，发酵2小时就够了。

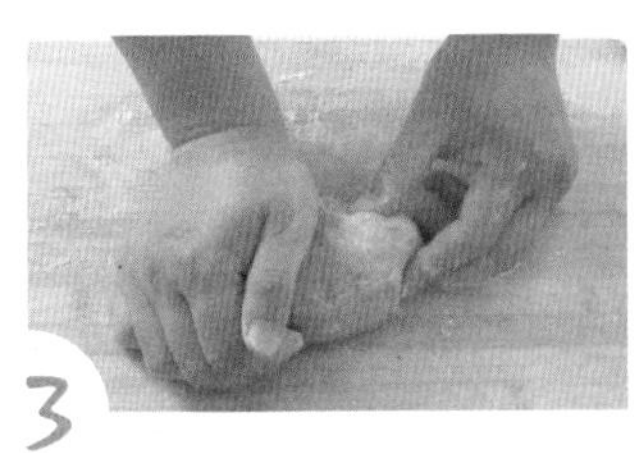

3 将发酵到1.5倍大的面团取出，在案板上撒上干面粉，将面团揉搓，排空气体。

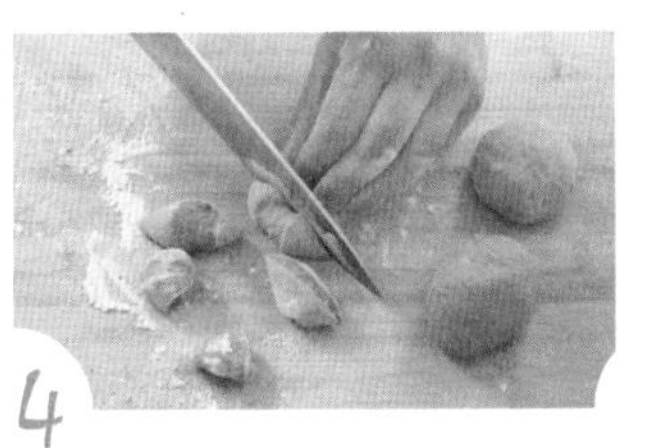

4 面团分成每个60g的小面团，再搓成10厘米长条，切成6个小剂子，其中一个小剂子分量稍少点，搓成橄榄状，做花心。

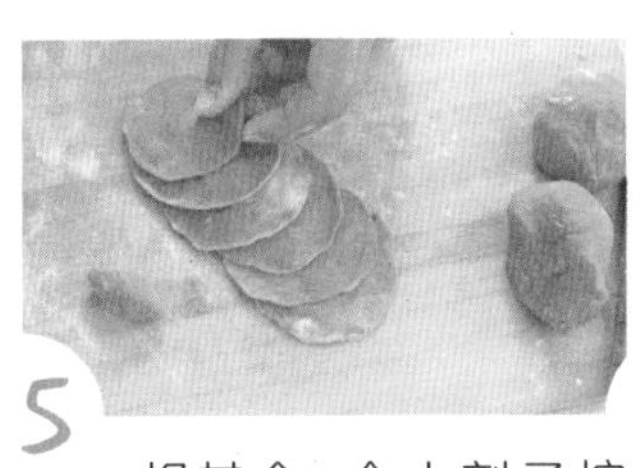

5 将其余5个小剂子按扁，擀成厚约0.3厘米，直径7厘米的圆片，圆片的边最好擀的薄些，将5片面片如图叠加。

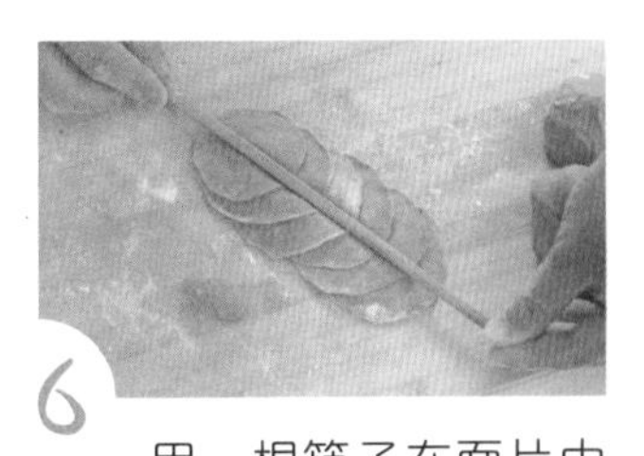

6 用一根筷子在面片中央垂直压出一条中心线，然后将橄榄状面团放在最底下的面片上，开始包裹着橄榄状面团往上卷，一直卷到卷光，然后用手指往中心掐入左右旋转拧断，收口朝下放。

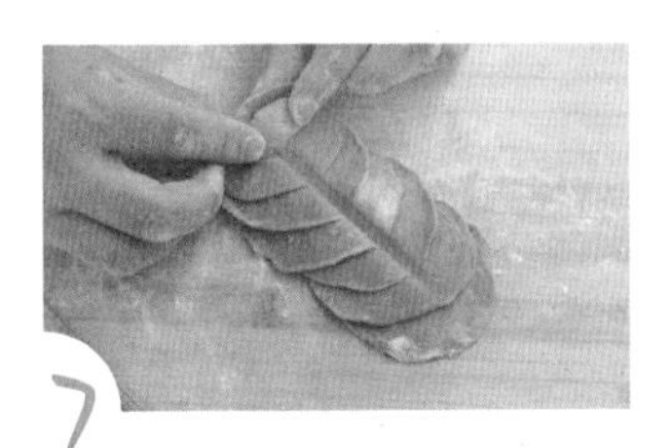

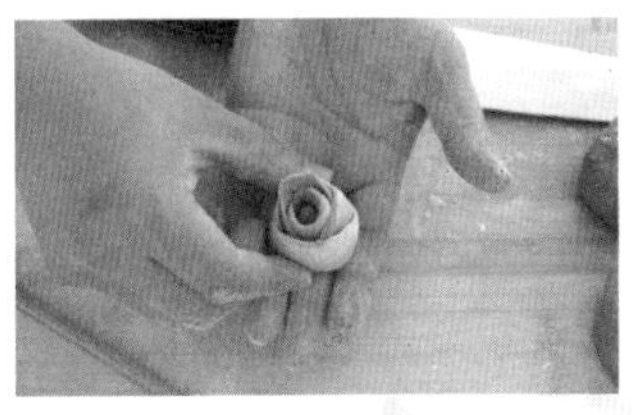

7 将做好的玫瑰花馒头生胚码在蒸笼里，保持一定的间距，盖上盖子，再次饧约10分钟，然后将蒸笼放蒸架上开大火蒸10分钟，熄火闷2分钟即可。

我像小猪一样懒乎乎：

小猪豆沙包

〈用料〉

发酵面团 …………… 200g

红豆沙馅 …………… 150g

煮熟的红豆粒 ……… 若干

1 面发好后搓长条，做剂子，擀面皮，小猪豆沙包的个头要略大一点，面皮也要擀的略大一些。

2 在面皮中包入适量红豆沙馅。

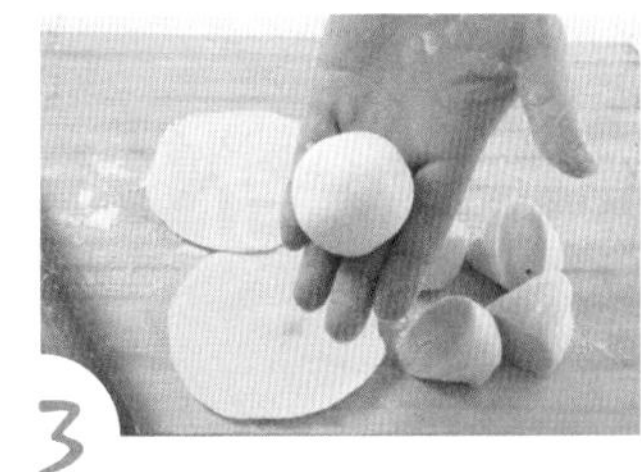

3 先做出一个圆圆的豆沙包。

4 将小饼轻轻压扁做小猪的脸，再取一小块面揉圆做鼻子，在面团上抹一点水可以起到粘合的作用。

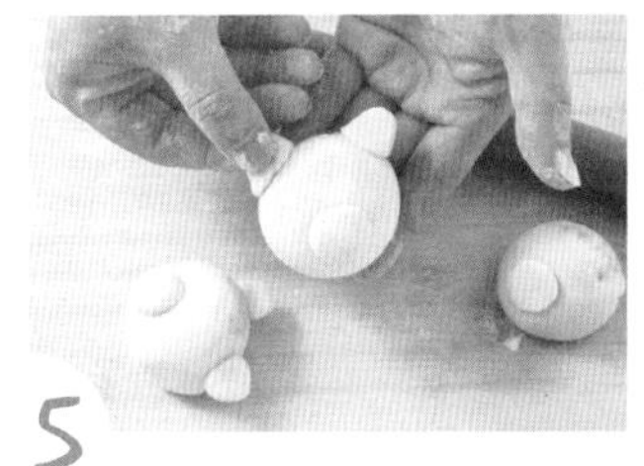

5 再取两块小面团做小猪的耳朵。

6 用筷子在眼睛的位置点两下，然后填入两颗煮熟的红豆粒。

7 最后用小刀在鼻子上扎两下，小猪造型的豆沙包就做好了。

8 把小猪豆沙包放入蒸锅蒸15分钟就可以啦。

这只小刺猬的刺，软软的：

小刺猬豆沙包

<用料>

面粉…………………… 250g　30℃的温水 …… 120ml

酵母…………………… 2.5g　豆沙馅……………… 250g

1 用温水完全融化酵母，用酵母水和面，将面和到三光（盆光、手光、面光）。

2 盖上一块湿布放温暖处饧发至两倍大，一般室温23℃左右，发酵2小时就够了。

3 案板上撒上干面粉，将面团从盆中取出，反复揉面团，排空气体。

4 面团搓长条，切成30g的小剂子，按扁，擀扁，厚度为0.5厘米，包豆沙馅，收口，搓成椭圆型的球，一头大一头小。

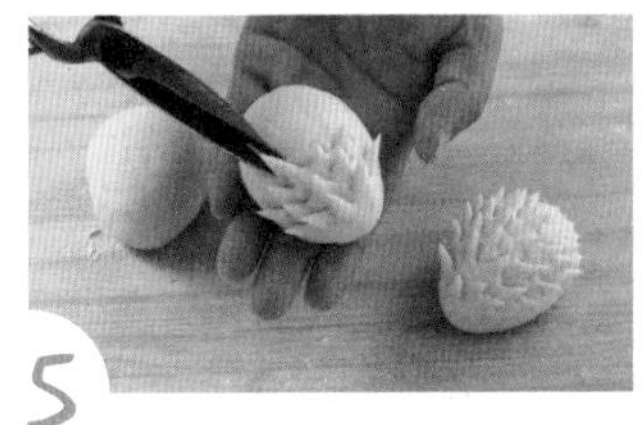

5 用剪刀剪出小刺猬身上的刺，

6 用黑芝麻做小刺猬的眼睛。

7 将做好的小刺猬生坯码在蒸笼里，保持一定的间距，盖上盖子，再次饧上10分钟，然后将蒸笼放蒸架上开大火蒸10分钟，熄火，闷2分钟即可。

幸福得像花儿一样：

豆沙花包

<用料>

<调料>

用料		调料	
面粉	250g	盐	1g
酵母	5g	豆沙馅	100g
清水	120g		

1.清水将酵母和细盐充分融化。

2.将酵母水冲入面粉中，用筷子搅拌成面絮。

3.用手将面絮揉成光滑的面团。

4.（夏天发面）盖上一块湿布，饧1小时左右，要注意观察，发至两倍大即可。

1.将发酵面团分割成每个40克的小面团。

2.将面团揉圆后按扁，放在手心，在面片中央放入30克豆沙馅。

3.将豆沙包起来，收口朝下放在案板上，用手按扁。

4.用擀面杖将包了馅的厚面片擀平整，厚度约1厘米。

5.用刀对称地切出8道口子。

6.将切了口子的一侧往上翻出，依次将所有的翻好。

7.将做好的花朵包码在蒸锅上，间隔半朵花包的距离。

8.盖上盖子，饧上10～15分钟。

9.开中大火蒸10分钟，熄火，闷5分钟即可。

柳叶弯弯：

酸菜柳叶蒸饺

鸡蛋……………………1个
酸菜…………………100g
牛肉…………………200g
饺子皮………………若干

盐……………………1g
香油…………1茶匙(5ml)
料酒…………1茶匙(5ml)

1 将酸菜洗净，挤干水分，切成末；牛肉洗净，放入食物搅打机中搅打成牛肉馅备用。

2 将切好牛肉、酸菜装入大碗中，磕入1个鸡蛋，加入适量盐（根据酸菜的咸度而加），加入料酒、香油，用筷子朝一个方向搅拌约3分钟。

3-1

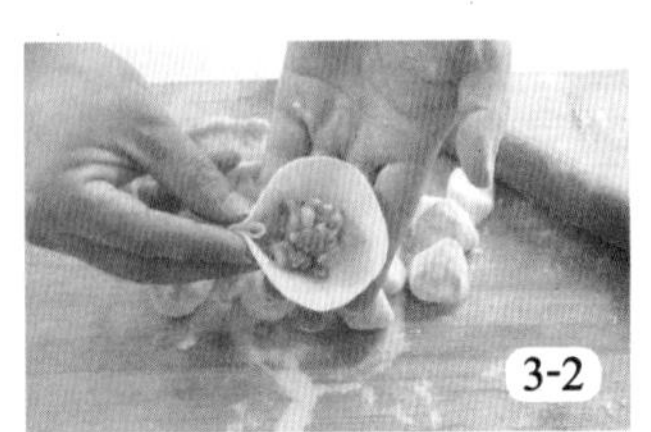

3-2

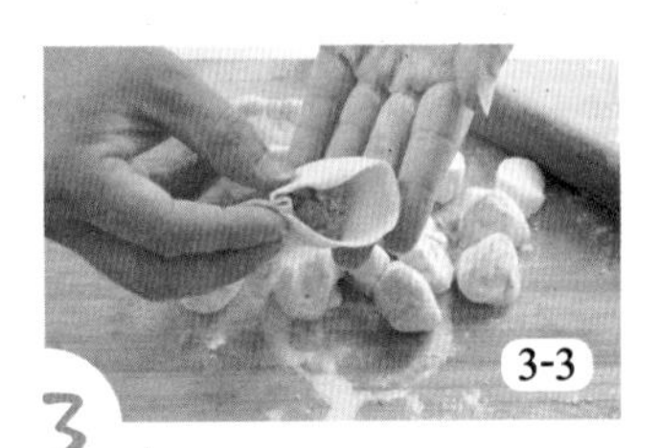

3-3

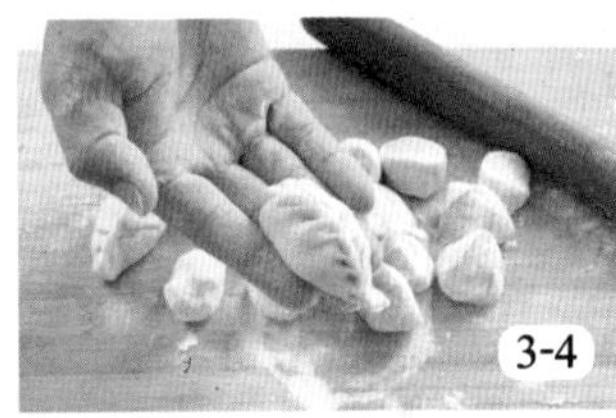

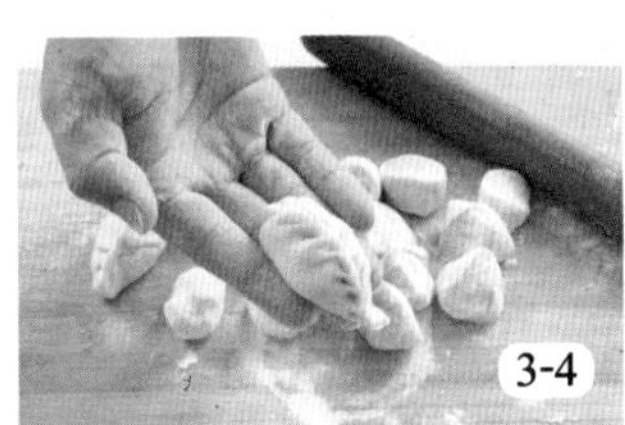

3-4

3 取饺子皮，按图示方法一一包好。

4 放入蒸锅中，以大火隔水蒸10分钟取出即可。

我要和阳光做游戏!

向日葵蒸饺

〈用料〉

菠菜泥……………………40g
南瓜泥……………………40g
面粉…………………… 150g
虾仁…………………… 200g
泡发香菇…………………60g
胡萝卜……………………50g

〈调料〉

盐………………1茶匙(5g)
植物油……　1汤匙(15ml)
料酒…………　1茶匙(5ml)
五香粉……… 1/2茶匙(3g)
儿童酱油 … 2茶匙(10ml)

1 把虾仁洗净，沥水后剁碎加入适量植物油、儿童酱油。泡发好的香菇切小块。

2 将打好的馅加入适量五香粉、料酒、盐拌匀，放置片刻待入味。

3 将面粉分成两份，分别加入菜泥和成光滑面团，撒点面粉防粘将南瓜面团擀成薄片找一瓶盖切出圆形皮。

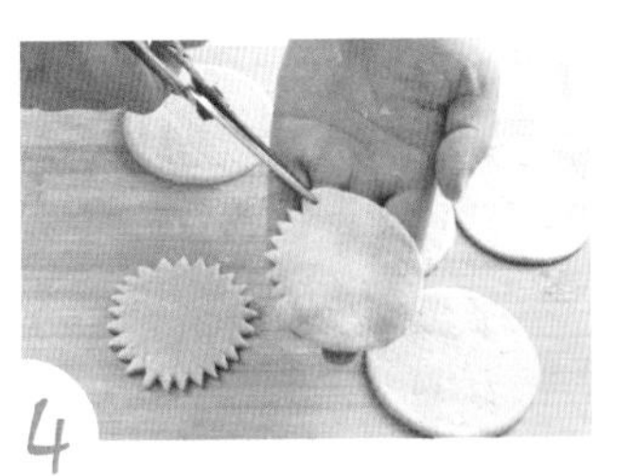

4 绿色面团同上切出圆片后，用剪刀剪成锯齿状备用。

5 南瓜饺子皮中间放上适量饺子馅，整个捏住上面收口。

6 收好的口朝下和绿色面皮粘在一起。

7 用刀在上面刻出菱形花纹。

8 胡萝卜切薄片放在饺子下面上锅蒸熟即可。

面团妈妈小叮咛

蒸饺子的时候一定要垫上萝卜片、玉米皮等防粘，想要成品漂亮，可以刷一层香油。

红红的小元宝真可爱！

胡萝卜元宝饺

用料

胡萝卜……………………1根

清水……………　100毫升

胡萝卜汁提取

将胡萝卜去皮，洗净，切小块，放入搅拌机，加入清水，搅打成浆，用细网漏勺过滤出胡萝卜汁备用。

用料

胡萝卜汁…………125ml

面粉……………… 250g

盐……………………1g

和面

1

将面粉放入大碗中，撒入盐拌匀，然后冲入胡萝卜汁，用筷子搅拌成面絮，再用手揉成光滑的面团。

2

将面团置与碗中，盖上湿毛巾或保鲜膜，饧20分钟。

用料

胡萝卜	150g	蚝油	1茶匙(5g)
牛肉	200g	料酒	1茶匙(5ml)
鸡蛋	1个	生抽	1茶匙(5ml)
盐	1.5g		

调馅和包饺子

1. 将胡萝卜切块，蒸熟，切末；牛肉打成肉末。

2. 将牛肉馅、胡萝卜末、鸡蛋蛋液放入碗中，顺时针搅打至上劲，放入盐、料酒、蚝油、生抽调味。

3. 饧好的面团揉搓后，搓成长条，切成小剂子。

4. 将小剂子拍上点面粉，按扁，擀成圆形面片，放入饺子馅，对折，将边捏紧，做成半圆形饺子。

5. 然后将饺子两头提住，转到一起，两个头搭在一起捏牢，如图，像元宝一样的饺子就做好了。

6. 依次将所有的做好。可以入蒸笼蒸熟吃，也可以下入开水中当水饺吃。

一轮弯弯的月牙：

彩色饺子DIY

<用料>

- 胡萝卜……………………1根
- 紫甘蓝………………100g
- 菠菜……………………50g
- 猪肉………………200g
- 面粉………………360g

<调料>

- 小葱……………………30g
- 盐……………1茶匙(5g)
- 料酒………1汤匙(15ml)
- 生抽………1汤匙(15ml)
- 糖……………1茶匙(5g)
- 香油………………适量

1 胡萝卜、紫甘蓝洗净，菠菜洗净焯水，加水后分别搅打出汁，滤去杂质留50克备用。

2 三色汁分别加入120克面粉，揉成光滑的面团，静置10分钟。

3 面团分别分割成若干等量的面剂子，擀成圆面片备用。

4 猪肉加葱剁成肉馅，加入盐、料酒、生抽、糖、香油拌匀。

5 取适量肉馅放置面片中间，包成饺子。

6 月牙饺子的包法：先将饺子皮对折，最中间捏一下，捏紧，然后左手握拳，大拇指和食指自然伸出，将右端边角捏住，右手拇指向外轻推内侧皮，食指将外侧皮形成褶折，右手拇指将褶折捏紧，重复步骤至左端饺子边并将两端封口处。

7 锅中适量清水烧开，放入包好的饺子煮熟即可食用。

面团妈妈小叮咛

煮饺子时：锅中放入饺子后煮至饺子上浮，加入一小碗清水，再次煮开再加入一小碗清水，如此加入三次清水，饺子即可出锅。

来自墨西哥的美味!

鸡肉卷饼

<用料>

- 鸡脯肉……………… 200g
- 洋葱……………… 1/2个
- 生菜……………… 适量
- 奶酪……………… 数片
- 面粉……………… 250g

<调料>

- 酵母……………… 1g
- 盐……………… 适量
- 黑胡椒粉……………… 少许
- 孜然粉……………… 少许
- 淀粉……………… 少许
- 植物油……………… 适量

1 鸡脯肉片成薄片，加盐、黑胡椒粉腌制5分钟，用淀粉抓匀；洋葱切丝。

2 锅里热少许植物油，把鸡肉片一片片摆入锅内，两面都煎黄，盛出。

3 锅里余油放入洋葱翻炒，加少许孜然粉和盐，倒入煎好的鸡肉片炒匀。

4 面粉加入酵母和温水揉成稍软的面团，静置30分钟，切成10份小剂子。

5 取一份面剂子，擀成厚度不超过2毫米的圆片。

6 放入平底锅烙至起泡再翻面烙3分钟。

7 取一张饼，铺生菜，放入鸡肉片、奶酪片卷起即可。

面团妈妈小叮咛

1.饼可以一次多做点，放入冰箱冷冻。吃时拿出来重新烙一下即可。

2.卷食材时，可以在饼上刷上孩子喜欢的甜面酱、番茄酱等任意酱料。

简简单单却是大美味：

时蔬卷饼

<用料>

面粉……………………70g
黄瓜………………… 1/2根
胡萝卜……………… 1/2根
鸡蛋……………………1个

<调料>

植物油…… 2汤匙(30ml)
蛋黄沙拉酱… 2汤匙(30g)
泰式甜辣酱… 2汤匙(30g)

<做法>

1 将面粉放在案板上，中间挖个坑，冲入热开水，先用筷子搅拌，再用手揉成光滑的面团，盖上一个碗，将面饧约5分钟。

2 将鸡蛋打成蛋液，在平底锅中倒入植物油，用最小火摊成蛋皮，然后切成丝。

3 将胡萝卜、黄瓜洗净，切丝备用。

4 将饧好的面团在案板上反复揉搓2分钟，然后将面团一分为二；将小面团再次一分为二，搓圆按扁，上下叠加起来，中间刷层植物油，擀成片。

5 将平底锅烧热，转成小火，淋入一点植物油，放入擀好的面片，小火烙至面片底部微黄，翻面继续烙1分钟，将面片上下两层撤开，用来包内馅。

6 取面片，铺在平底盘上，在面片的一端放黄瓜丝、胡萝卜丝、蛋皮丝，挤上一层蛋黄沙拉酱、泰式甜辣酱，卷起来，牙签固定，切小段即可。

妈妈只要我吃两个：

彩椒猪肝小窝头

〈用料〉

猪肝…………………… 200g
紫米窝头……… 7～10个
红、黄、绿彩椒………各20g
泡发好的黑木耳………20g

〈调料〉

盐…………… 1/2茶匙(3g)
料酒………… 1茶匙(5ml)
生抽……… 1汤匙(15ml)
植物油…… 2汤匙(30ml)
蒜末……………1茶匙(5g)
葱末………… 2茶匙(10g)

〈做法〉

1 将彩椒洗净，去蒂，切成碎末；将泡发好的黑木耳去根，洗净，切成碎末备用。

2 将窝头隔水蒸热蒸软备用。

3 猪肝洗净，焯水至八成熟，取出，将猪肝切成小丁备用。

4 将锅烧热，倒入植物油烧至六成热时倒入葱末、蒜末爆香，再倒入猪肝翻炒半分钟左右，加入料酒、生抽炒匀，加入黑木耳翻炒约1分钟。

5 向锅中倒入彩椒，翻炒几下，熄火，出锅。

6 将炒好的猪肝彩椒碎用勺子盛入事先准备好的窝头中即可。

妈妈说还可以烤着吃哦!

南瓜香肠卷

<发面用料>

面粉…………………… 200g

南瓜……………………50g

酵母…………………… 2g

清水……………………6ml

<香肠卷用料>

发酵面团…………… 250g

香肠……………………6根

将南瓜洗净，去皮、籽，切成薄片，放入蒸锅中隔水蒸熟，取出，晾凉备用。

用清水将酵母融化拌入南瓜中，将南瓜捣烂成泥。将加了酵母的南瓜泥倒入面粉中，用筷子搅拌成面絮备用。

用手将面絮揉成光滑的面团，盖上一块湿布，饧发1小时。

将发酵好的面揉匀，将面团分割成每个约40克的小面团，将小面团搓成香肠的三倍长。

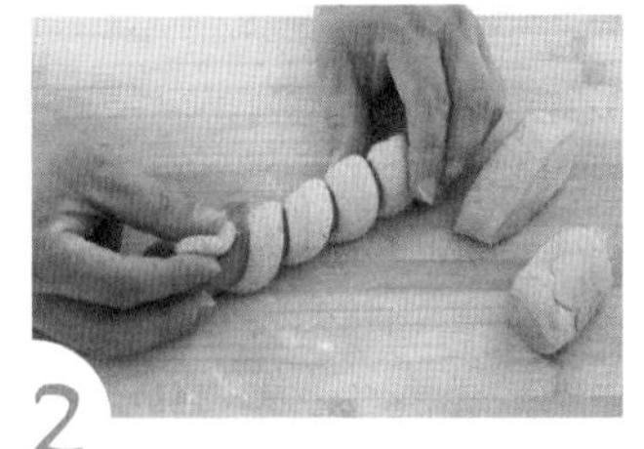

将搓好的面条以缠绕的方式裹在香肠上。

依次将所有的面团依次做好。

将做好的香肠卷，码在蒸锅中，每个之间都保持两根手指宽度的距离，盖上盖子，二次发酵10分钟。开中大火，蒸10分钟，熄火，闷5分钟即可。

笑起来甜甜的小酒窝：

小炒酒窝面

〈用料〉

面粉……………………200g
干香菇……………………3朵
红、黄彩椒…………各30g
豌豆……………………30g

〈调料〉

盐……………………1茶匙(5g)
糖……………………1茶匙(5g)
香油…………1茶匙(5ml)
植物油……1汤匙(15ml)

1 面粉加入少许盐和适量温水，揉成面团静置10分钟。

2 压扁面团，用擀面杖擀制成厚度约为0.5厘米的圆形面片，再用刀将面片均匀地分割成条形。

3 取适量条形，再次切成大小均匀的正方形小面丁备用。

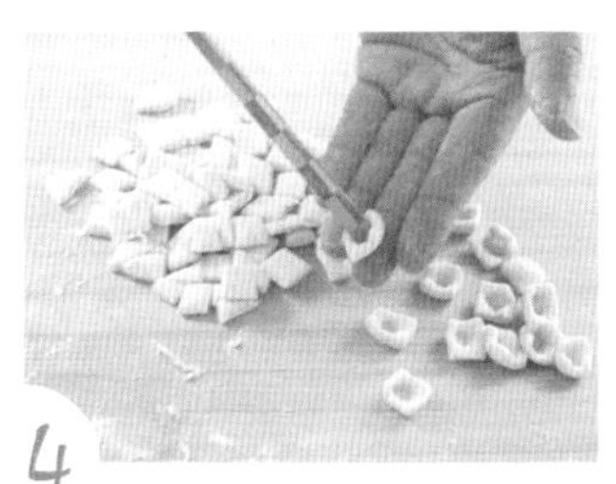

4 取其中一块面丁，用筷子顶部在面丁中央按下，手转动一下就可形成酒窝面的形状。

5 锅中加入适量清水，烧开后把酒窝面放入锅中，煮熟后捞出过凉。

6 彩椒洗净，去蒂、籽，切成丁；干香菇泡发后洗净，切丁；豌豆洗净备用。

7 锅中加入适量植物油，烧热后，倒入彩椒丁、香菇丁和豌豆，大火翻炒均匀。

8 过凉后的酒窝面沥水，倒入锅中翻炒，加盐和糖，与蔬菜丁一起炒匀，出锅前淋香油即可。

明天早上带给小伙伴：

糖果三文治

〈用料〉

胡萝卜吐司面包………2片

早餐奶酪………………2片

苹果酱……………… 适量

〈做法〉

1 胡萝卜吐司面包去掉硬边，切成长方形，用擀面杖擀压平整。

2 在面包片上铺上奶酪片，再均匀地抹上一层苹果酱。

3 将面包片卷成卷（若不好卷，可借助筷子来卷）备用。

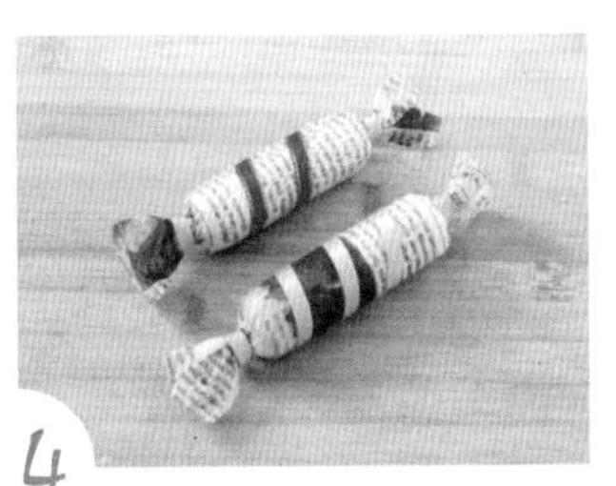

4 将面包卷包裹上油纸，做成糖果造型，两端系上封口条，用丝带装饰即可。

面团妈妈小叮咛

1.自制的果酱纯天然，不添加任何防腐剂和添加剂，宝宝吃了更健康。

2.往面包片上抹果酱时注意不要抹太多，否则卷时果酱会挤出来。

3.聪明的妈妈可根据需要添加或变换用料，使“糖果”的口味更丰富。

我是第一个吃螃蟹的人!

螃蟹南瓜包

面粉…………………… 200g

南瓜…………………… 100g

酵母粉……… 1/2茶匙(3g)

红豆…………………… 若干

1.南瓜去皮、籽，洗净，切片，放入蒸锅中蒸至软烂，蒸熟后压制成南瓜泥并自然冷却。

2.取适量面粉，将南瓜泥和酵母粉放入面粉中。

3.分次加入温水，用筷子搅拌成面絮并揉成光滑的面团，揉好的面团盖上保鲜膜发酵至两倍大。

4.案板上撒适量面粉，将面团揉匀，分成大小均匀的剂子。

5.取其中一个剂子揉匀后擀制成牛舌状，准备做小螃蟹的外壳。

6.另取一个剂子分成四等份并搓成长条状，做成小螃蟹的八条腿（最上面的腿要稍微粗一点）。

7.分别将条状放在面饼上，将面饼上端向下折。

8.面饼下端向上折，完全包裹住螃蟹的八条腿。

9.将螃蟹翻转过来，摆好造型，并利用最粗的那条腿剪出蟹钳。

10.用红豆装饰，点缀眼睛。

11.依次做完其他小螃蟹，盖上保鲜膜，放置20分钟进行二次发酵，然后放入蒸锅中，水烧开后以中小火蒸12分钟即可。

妈妈做的比萨一级棒！

培根蘑菇Pizza

<面饼部分>

- 面粉……………………120g
- 酵母……………………3g
- 盐……………………1.5g
- 温牛奶……………………60g
- 黄油……………………10g

- 马苏里拉奶酪丝（用刨丝器擦）……………………100g
- 青红椒圈……………………各30g
- 洋葱块……………………20g
- 培根丝……………………4片量
- 口蘑片……………………40g
- 番茄沙司……………………适量
- 色拉油…… 2茶匙（10ml）

1 将盐放入面粉中，搅拌均匀；将酵母用温牛奶融化。

2 将酵母水倒入面粉中，用筷子搅拌成块状，揉成光滑的面团。

3 加入10克软化的黄油，再次揉成光滑面团。

4 盖上湿毛巾或者保鲜膜，放温暖处发酵大约2小时，发到两倍大小。

5 案板上撒上干面粉，将面团揉捏排气，然后用擀面杖擀成8寸大的面饼。

6 在比萨盘中刷上一层色拉油，将面饼码到盘中用叉子在上面叉上小孔，静置15分钟。

7 入烤箱中层以200℃上下火烤10分钟，将面饼烤发成型。刷一层番茄沙司，铺一层奶酪丝（约一半量），铺上培根丝、口蘑片，入烤箱烤5分钟。

8 5分钟后将烤的半熟的比萨取出来铺上蔬菜，洋葱块、青红椒圈，最后铺上剩下的一半奶酪丝。

9 再次入烤箱，以200℃上下火中层烤5分钟，看到奶酪完全融化即可食用。

咬一口，就会流出来的甜味：

糖三角

<面皮用料>

酵母……………1茶匙(5g)
温水…………………… 50ml
面粉……………… 200克
和面的水……… 约100ml

<肉馅用料>

红糖……………………50g
面粉……………………50g

1 将酵母倒入温水中，融化；大盆中放入面粉，将酵母水慢慢分次倒入，边倒水边用筷子搅拌，直到面粉开始结成块。

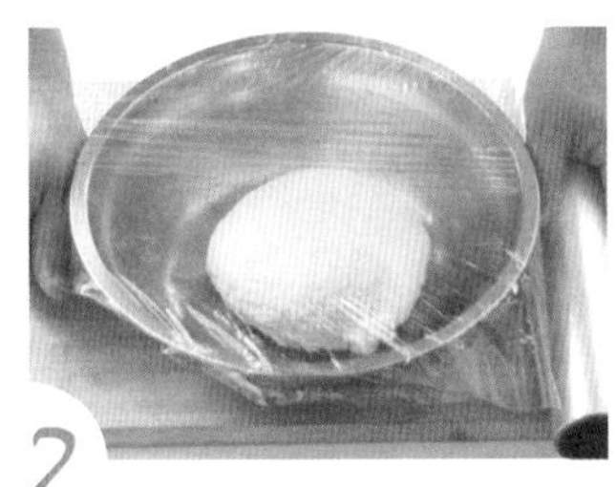

2 揉成面团，用保鲜膜将盆盖严，放在温暖处静1小时，待面团膨胀到两倍大，内部充满气泡和蜂窝组织时，发面完成。

3 继续揉压面团，将里面的空气挤出，然后盖上保鲜膜或湿布，待面团再次膨胀后再开始制作。

4 将红糖和面粉放在碗中混合均匀备用。

5 把发好的面分成等份小剂子，按压成小面饼，用擀面杖擀开后，放入内馅，用双手的大拇指与双手的食指，将面皮挤压并封口，形成一个三角型。

6 将包好后的糖三角放在案板上，用保鲜膜盖住，以免风干皴裂。

7 蒸锅中倒入水，大火烧开，上气后放入糖三角，大火蒸10分钟即可。

面团妈妈小叮咛

融化酵母粉的水一定要用温水，水温以不烫手为原则，调节好温度后再放酵母。水温过高会将酵母菌烫死，温度过低则无法激活酵母，都起不到发酵的目的，同样的道理，酵母水也不能放入微波炉中加热。

再来一碗白米粥：

陕西肉夹馍

用料

面粉……………………200g

干酵母粉………………2g

猪肉……………………500g

调料

盐………………1茶匙(5g)

料酒………1汤匙(15ml)

白糖…………1汤匙(15g)

八角……………………适量

桂皮……………………适量

花椒……………………适量

丁香……………………适量

冰糖……………………适量

白吉馍做法

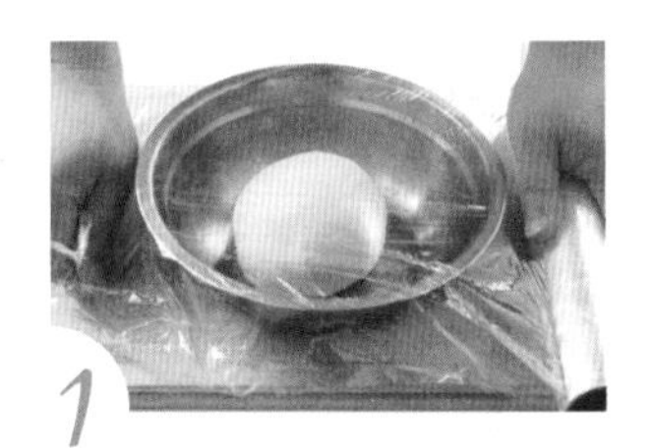

1.用温水化开干酵母粉，倒入面粉中，用手和成软硬适中的面团。

2.在温暖潮湿处饧面40～50分钟，待面团膨胀成两倍大。

3.将醒好的面团切成6份，揉成球，压扁擀圆。

4.将锅烧热，不放油，把饼放进去，翻面至烤熟，闻到烤香味即可。

腊汁肉做法

1.将肥瘦适度的鲜猪肉，用凉水洗干净，切成大块。

2.炒锅中放油加适量冰糖碎小火炒黄后，换大火放入猪肉块迅速炒开上糖色。

3.加入开水没过肉，文火煮10分钟左右撇去浮沫。

4.在汤里加入盐、料酒、白糖，以及八角、桂皮、花椒、丁香等调味料。

5.烧开后一直保持汤锅小开，焖煮约2～3小时。

6.待肉已完全酥烂，捞出放在大瓷盘内。

7.吃时将适量腊汁肉剁烂，夹入白吉馍即可。

炒疙瘩，还是炒猫耳朵？

什锦炒疙瘩

面团妈妈小叮咛 市售的疙瘩大都是机器压制，再手工切的。在家里做，把面和硬，擀成厚1厘米的厚片，用刀横竖切成1厘米的小丁即可。

<用料>

青豆……50g

胡萝卜……75g

黄瓜……75g

青蒜……75g

红椒……75g

面粉……150g

<调料>

黄酱……适量

植物油……适量

<做法>

1 面粉加适量水，和成面团，然后揉成长条，揪成小疙瘩，撒上面粉抖散备用。

2 锅中放入足量清水，大火烧开后放入抖散的小疙瘩，煮熟取出备用。

3 青豆洗净。胡萝卜、黄瓜、红椒洗净切丁，青蒜洗净切小段。

4 锅中放入植物油烧热，放入胡萝卜、黄瓜、蒜苗、青豆、红椒翻炒。

5 然后放入煮熟的小疙瘩，加少许水、加适量黄酱炒匀炒熟后即可。

两头暴露了自己的馅料：

锅贴

面团妈妈小叮咛 1.也有往锅贴里面加入水的，这样出来会有金黄的薄脆，很好看。2.做锅贴火候很重要，不可用大火，锅要受热均匀。

猪肉馅……………… 100g
鸡蛋……………………1个
韭菜……………………80g
饺子皮……………… 适量

葱花、姜末 …各1茶匙(5g)
酱油……… 1汤匙(15ml)
盐………………1茶匙(5g)
五香粉……………… 少许
植物油……………… 适量

1 猪肉馅中放入一个鸡蛋，加入少许水搅拌均匀，顺着一个方向用力搅拌，直到肉馅上劲。

2 放入葱花、姜末、酱油、盐、五香粉搅拌均匀，放入韭菜搅拌均匀制成馅料。

3 饺子皮中间放入适量馅料，中间捏住，两端露开，比饺子要好包一些。

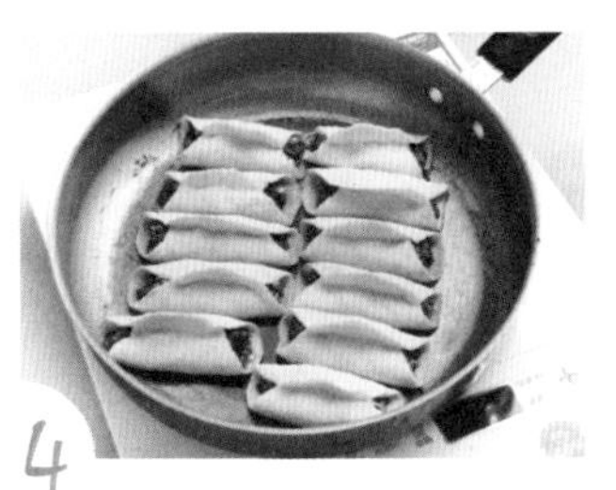

4 锅中放入植物油烧热，将锅贴放入码好，小火煎3分钟。

5 浇入适量水，发出哧啦的响声时盖上锅盖，焖5～8分钟。

6 打开锅盖，放出蒸汽，翻一个观察颜色和熟度，稍等水气蒸发干净，盛盘即可。

比潘多拉的盒子更吸引我：

韭菜盒子

〈用料〉

韭菜…………………… 300g

鸡蛋……………………2个

虾皮……………………50g

面粉…………………… 100g

〈调料〉

植物油…… 1汤匙(15ml)

香油………… 1茶匙(5ml)

盐…………… 1/2茶匙(3g)

1 鸡蛋加适量盐，打散，将鸡蛋炒碎。

2 韭菜择洗干净，洗净沥干水分，切成碎末。

3 把韭菜、虾皮和炒好的鸡蛋混合，加入盐、香油调味，搅拌均匀成馅。

4 另取容器，放入面粉，往中心部分加适量清水，将面粉揉成光滑的面团，饧20分钟左右。

5 面团饧完后，搓成条，然后切成大小均匀的小剂子，再将其一一擀成面皮备用。

6 取适量韭菜馅放入面皮中，以占面皮大小一半左右为宜，将面皮对折，用手捏紧封边。

7 锅加热后放植物油，把包好的盒子顺序放入锅里，小火慢煎至底部金黄，翻面煎两分钟即可。

面团妈妈小叮咛

1.韭菜一定要晾干一点，馅料太湿的话很容易把盒子皮弄破。

2.韭菜盒子不宜做太多，最好能现做现吃，放久了会影响口感。

外酥里嫩，还流汤的大肉包：

生煎包

<用料>

面粉…………………… 150g
酵母……………………… 3g
五花肉………………… 120g
猪皮冻…………………50g

<调料>

酱油……… 1汤匙(15ml)
绍酒……… 1汤匙(15ml)
芝麻…………………………… 5g
姜……………………………… 2g
香葱…………………………10g
小苏打…………………… 2g
植物油………… 120毫升

1 将姜和香葱分别切成末；将猪肉洗净，剁成肉馅备用。

2 将猪肉放入盆中，加酱油、绍酒、姜末和一半葱末搅拌，再放入猪皮冻末搅匀上劲，制成馅料。

3 干酵母用温水化开，倒入面粉中，加适量温水，揉成光滑的面团，盖上湿布放在温暖处发酵。

4 将发好的面搓成长条，揪成剂子，擀成圆面皮，包入馅料，成包子生坯备用。

5 将包好的生坯放置温暖处再次发酵20分钟左右备用。

6 平底锅放入植物油，三分热时摆入包子生坯，中间要预留空隙。

7 中火煎至包子底呈金黄色时倒入清水，水位到包子的1/3，加盖小火煎至水干，最后撒上少许香葱、芝麻即可。

面团妈妈小叮咛

1.用来煎生煎包的平底锅最好选用不粘锅，这样才能保证包子形状的完整。

2.煎包子的时间要适中，不宜过长，以免变焦。

就像一朵朵盛开的小花：

鲜肉烧卖

〈用料〉

面粉…………………… 100g
猪肉馅……………………80g
姜………………………… 5g
葱白………………………10g
温开水………………… 50ml
凉水…………………… 20ml

〈调料〉

老抽………… 1茶匙(5ml)
盐…………… 1/2茶匙(3g)
糖……………………………… 1g
香油………… 1茶匙(5ml)
植物油………………… 少许

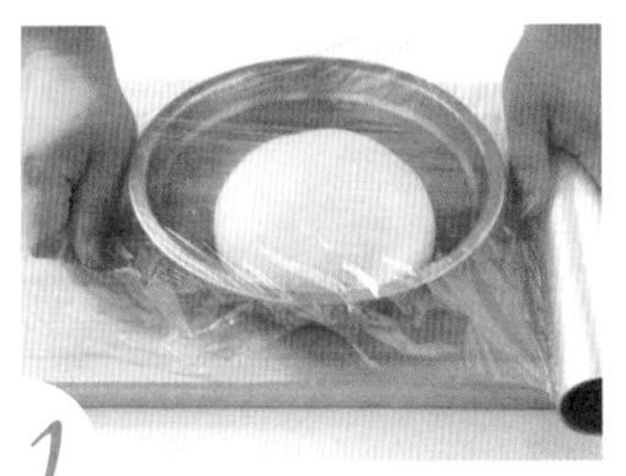

1 在面粉中分次倒入温水，边加水，边用筷子搅拌，揉成面团，盖上保鲜膜，饧20分钟。

2 将葱和姜分别切成末，将肉馅放入一个大碗中，再放入葱姜末搅拌，随后分次倒入10毫升的凉水，顺着一个方向搅拌。

3 在搅拌好的肉馅中，放入老抽、盐、糖、香油，搅匀。

4 将饧好的面揉搓成长条状，切成比饺子略大一些的剂子备用。

5 案板上撒上厚厚的一层面粉，把剂子按平后埋在面粉里，粘上面粉后取出，再撒一层薄面，用擀面杖擀成四周有皱纹的面皮，需要双手配合，左手捏住面皮边擀边旋转，右手持擀面杖蹭着擀面，才能出现裙边。

6 在擀好的面皮上，放上肉馅，然后放到手的虎口处，边转边用手指将皮收紧。

7 在蒸锅的蒸屉上抹一层薄薄的植物油，大火加热蒸锅中的水，水开后放入烧卖，盖上盖子蒸10分钟左右即可。

面疙瘩成了主角：

番茄鸡蛋疙瘩汤

面团妈妈小叮咛 孩子不吃香菜，妈妈可以用嫩嫩的芹菜叶代替香菜放入汤中，味道非常棒，可以试试看。

〈用料〉

番茄……………………3个
鸡蛋……………………2个
香菜…………………少许
普通面粉………………80g

〈调料〉

番茄酱……2汤匙(30ml)
大葱……………………3片
盐…………………1茶匙(5g)
白胡椒粉……1/2茶匙(3g)

〈做法〉

1 番茄洗净后切成块；香菜洗净，切成末；大葱切片。

2 锅烧热，倒入植物油烧热，放入葱片煸香后放入番茄块，翻炒至出汤后加入清水（1000毫升），大火煮开后，加入番茄酱搅匀后煮2分钟。

3 用勺子盛清水，一点一点的加入面粉中，边加边迅速搅拌，一定要快，不要让面成团，要搅成均匀的面粉粒。

4 然后用筷子一点点的把面粉粒倒入锅中，不要一次性倒入，否则面粉容易成团。

5 把所有面粉粒倒入之后，用勺子搅散，改成中火煮3分钟。

6 调入盐和白胡椒粉搅匀，然后将鸡蛋打散，以画圈的方式一点点倒入锅中，形成蛋花，熄火，撒入香菜末即可。

最爱用牙签扎着吃！

炒米条

〈用料〉

米条…………………100g
里脊肉…………………50g
洋葱……………………20g
尖椒、草菇…………各10g
植物油、辣椒酱、香油……各8ml
料酒、生抽…………各5ml
白糖、盐……………各3g

〈做法〉

1 将米条煮熟，放在清水里浸泡，放入锅中煮熟，捞出；里脊肉和洋葱切成丝，尖椒切成小圈，草菇切成片放在一旁。

2 锅中放适量植物油，先将洋葱炒出香味，再放入里脊肉丝、尖椒、草菇、米条。

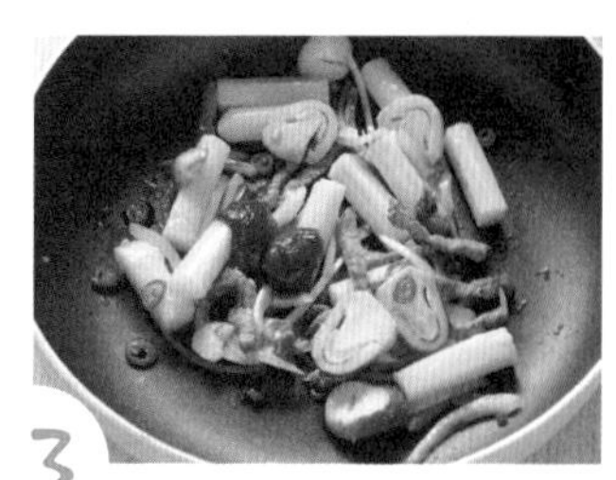

3 将辣椒酱也放入锅中翻炒，同时加入料酒、生抽、白糖、盐调味。

4 往锅中倒入适量的水炖煮约10分钟，待汤汁浓稠后放入香油，熄火盛出即可。

面团妈妈小叮咛

韩国炒米条并不是真正用油炒出来的，从烹饪手段上看，其实是用水煮的方式让米条充分吸收酱料，再搭配脆脆的青菜，颗粒分明的芝麻做成，口感层次很丰富。做炒米条最重要的是保证酱汁浓厚，待米条经过炖煮之后，大火收汁，酱汁才能更好地包裹在米条上。

在黄豆面里打滚儿的小驴：

驴打滚

<用料>

糯米粉……………… 300g

黄豆面……………… 300g

红豆沙……………… 100g

1 将黄豆面放入平底锅内，小火用木铲不停翻炒，待黄豆面颜色变成均匀的浅褐色，并可闻到明显的豆香味，熄火，将黄豆面盛出晾凉，过筛备用。

2 糯米粉放入盆中，慢慢注入适量清水，用筷子搅拌，将结块的糯米粉团成一个完整的面团，将面团放置在大碗中，轻轻压平。

3 将大碗放入蒸锅中，用大火蒸20分钟左右，用保鲜膜包好略放凉备用。

4 待糯米粉晾至温热时，取适量熟黄豆面撒在案板上，然后将糯米团放在案板上，再在上面撒一层黄豆面。

5 用擀面杖将糯米面擀成0.5厘米厚的长方形面皮，将红豆沙均匀地涂抹在长方形的糯米面皮上。

6 涂平整后，用手将糯米面皮小心地向前翻卷。

7 用快刀将豆面糕切割成4厘米宽的小段，注意要将刀面上黏着的糯米面清洗干净。

8 最后将余下的黄豆面用筛网均匀地撒在驴打滚上即可。

面团妈妈小叮咛

1.生糯米团一定要揉得尽量干，这样蒸熟后才能有一定的韧性，便于擀出形状。

2.将面皮卷起来的时候，要尽量卷得紧密，以免中间松散。

my baby loves to eat

菜色可餐

闪亮的圣诞树：

五色炒鸡蛋

面团妈妈小叮咛 可以根据宝宝的口味再配上一些番茄沙司或者奶酪，当然不放也很好吃啦！

<用料>

鸡蛋……2个
火腿……30g
虾仁……30g
土豆……20g
红椒……10g
青菜丁……10g

<调料>

黄油……1汤匙(15g)
盐……2g

<做法>

1 红椒洗净，去蒂、籽，切成小丁；土豆去皮，洗净，切成小丁；火腿切成小丁。

2 平底锅烧热，在锅中放入一小块黄油，烧至融化，放入红椒丁翻炒，再放入火腿丁、土豆丁翻炒约1分钟。

3 随后放入青菜丁，稍微翻炒一会，撒盐调味后把蔬菜在锅底摊平开来。

4 然后均匀地浇上鸡蛋液，并用小火慢烧。

5 待鸡蛋液凝固，再轻轻翻炒一下即可出锅。装盘时，用勺子慢慢地摆成圣诞树的形状就可以啦。

喜气洋洋的

红烩大虾

面团妈妈小叮咛 大虾先整个去壳再煮出来会变成一个圆圈，所以煮完再整个去后面的壳。

大虾…………………… 400g
胡萝卜片…………… 少许
海苔…………………… 适量

<调料>

红烩料…………………1块

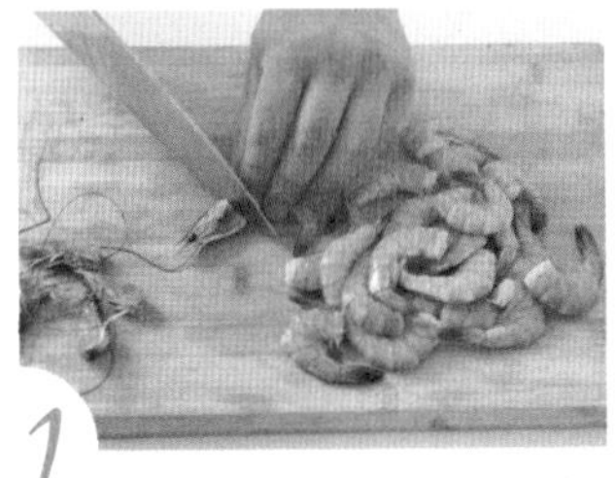

1 将大虾去头，挑去虾线，充分洗净。

2 锅中倒入适量清水，大火煮开后放入大虾，煮至变色捞出，再将虾壳去掉备用。

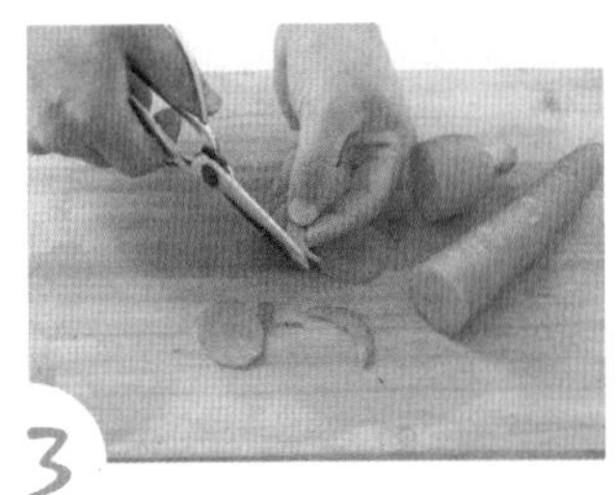

3 胡萝卜片剪成蛇头蛇尾的形状。

4 将市售的红烩料加1小碗水在火上加热至完全融化开，放入虾仁翻炒均匀就可以盛入盘子了。

5 用筷子在盘里摆好造型，剩下的红烩汤汁均匀地浇在上面。

6 把海苔剪出需要的形状放在蛇头上，最后再将蛇头蛇尾摆在合适的位置即可。

一朵一朵太阳花：

彩椒煎鸡蛋

用料		调料	
红彩椒	1个	植物油	1汤匙(15ml)
黄彩椒	1个	盐	1/2茶匙(3g)
鸡蛋	2个	黑胡椒碎	1/2茶匙(3g)

1 将彩椒洗净后去蒂、籽，沥干水分，切成厚度约0.5厘米的彩椒圈。

2 平底不粘锅加热，倒入少量植物油抹匀锅底，将彩椒圈入锅。

3 将鸡蛋分别打入彩椒圈中，以中小火单面煎制备用。

4 待鸡蛋稍稍凝固，撒适量盐、黑胡椒碎调味；鸡蛋煎至蛋黄变熟熄火，随孩子的喜好搭配儿童酱油或番茄沙司食用即可。

面团妈妈小叮咛

1.鸡蛋入锅时最好不要移动平底锅，这样蛋液不容易流出。

2.彩椒色彩鲜艳，且富含多种维生素（丰富的维生素C）及微量元素，很适合小孩子食用。

连小碗都可以吃掉！

牛肉彩椒盅

面团妈妈小叮咛 1.牛肉丁可提前用淀粉浆抓制，口感会更加嫩滑。2.彩椒口感清甜，好吃，而且维生素C含量非常丰富，适合生吃，要洗净哦！

〈用料〉

- 牛肉……50g
- 青、红彩椒……各20g
- 黄彩椒……1个
- 青豆……20g
- 玉米……20g
- 胡萝卜……20g
- 葱、姜、蒜末……各少许

〈调料〉

- 植物油……1汤匙（15ml）
- 儿童酱油…2茶匙（10ml）

〈做法〉

1 将牛肉洗净，沥干水分后切成小丁；将部分三色彩椒、青豆、玉米和胡萝卜切成小丁。

2 将黄彩椒清洗干净，在1/3高度切下顶盖，挖去黄椒内籽。

3 炒锅烧热倒入植物油，先下入葱、姜、蒜末翻炒出香味，再下入牛肉丁滑炒至变色，盛起。

4 炒锅再次烧热，倒入植物油，下青豆、玉米、胡萝卜丁炒匀，略加水，煮2分钟，下入彩椒丁和牛肉丁，翻炒均匀，淋入适量儿童酱油炒匀。

5 将炒好的牛肉蔬菜丁装入黄彩椒碗中，让孩子趁热食用即可。

一朵一朵太阳花：

我是肉圆花菜小王子

<用料>

西兰花…………………… 100g
猪肉馅…………………… 150g
荸荠…………………………50g

<调料>

盐……………………………… 2g
料酒……………………………3ml
五香粉………………………… 1g
葱末……………………………… 5g
水淀粉…… 2茶匙(10ml)

<做法>

1 荸荠洗净，去皮，剁成碎末。

2 将猪肉馅、荸荠末放入碗中，加入葱末、料酒、五香粉、盐、干淀粉充分拌匀放置一边。

3 将西兰花洗干净，用手掰成小朵，放入沸水中汆烫后取出，沥水备用。

4 带上一次性手套，取30克左右肉馅，搓成圆球，将小西兰花朵插在上面，将所有的依次做好，整齐地码在盘子中。

5 将水烧开，放入蒸架，放上肉圆西兰花，盖上盖子，大火蒸5～8分钟备用。

6 蒸好后，将汤汁倒入一个干净的锅中，倒入水淀粉勾芡，然后将芡汁淋在蒸好的肉圆花菜上即可食用。

快乐的笑脸：

番茄牛肉土豆泥

<用料>

牛肉末……………………50g
番茄……………………1个
土豆……………………1个
青豆、玉米粒 ………各20g
胡萝卜丝、青椒丝…各少许

<调料>

植物油…… 1汤匙(15ml)
姜末……………………3g
葱末……………………3g
料酒………… 1茶匙(5ml)
番茄沙司………1茶匙(5g)
盐……………………2g
鲜牛奶…… 2茶匙(10ml)

<做法>

1 锅中倒少许植物油烧至八成熟，放入姜末、葱末爆香，再倒入牛肉末翻炒，最好再加一些料酒，可以去肉的腥味。

2 牛肉炒至八成熟时，倒入番茄末，不停地翻炒直到炒出番茄汁，加入少许番茄沙司调味，盛入碗中备用。

3 将土豆洗净，放入沸水锅中煮熟，捞出，去皮，捣成土豆泥，撒少许盐、鲜牛奶搅拌均匀。

4 把搅拌好的土豆泥，放在番茄牛肉酱的上层，并涂抹均匀。

5 再点缀上玉米、青豆、胡萝卜丝、青椒丝做成可爱的娃娃笑脸就可以了！（把番茄牛肉酱和土豆泥搅拌均匀后就可以享用了）。

猪排超人，快到碗里来!

炸猪排

<用料>

猪排……………………2块

蛋清……………………1个

<调料>

盐………………1茶匙（5g）

白胡椒粉………………2g

黑胡椒粉………………2g

柠檬汁……1/2茶匙（3ml）

面包糠………………适量

植物油………………适量

<做法>

1 将猪排用刀背拍松两面，两面都均匀地撒一层盐、一层白胡椒粉、一层黑胡椒粉，淋上几滴柠檬汁，用手将两面拍匀。

2 然后加入一个蛋清，将所有的大排都裹一遍，盖上保鲜膜，入冰箱冷藏1～2小时。

3 准备好面包糠，将平底不粘锅烧热，倒上一层0.5厘米高度的植物油，将大排从冰箱取出，两面拍上面包糠，略按压紧实。

4 植物油烧至五成热时，将火关小，放入大排，开始煎炸，煎至两面金黄就可以出锅了。依次将所有的炸好，再将大排切成1厘米左右宽的条，盛入盘中，盛大排的容器建议放吸油纸，吃的时候蘸番茄沙司即可。

做一个有内涵的肉丸子：

糯米珍珠丸子

面团妈妈小叮咛 1.杏鲍菇在切末时，不宜过细，保持颗粒状。2.糯米需要提前浸泡软，沥干水分后再用，这样蒸出来的糯米球晶莹透亮且易熟。

〈用料〉

杏鲍菇……2个
猪肉馅……150g
蛋清……1个
洋葱……20g
糯米……100g

〈调料〉

蒜……2粒
料酒……1茶匙(5ml)
盐……2g
花椒粉……2g
生抽……1茶匙(5ml)

〈做法〉

1 洋葱去皮，洗净，切成碎末；蒜去皮，洗净，切末；杏鲍菇洗净，切碎末；糯米洗净后，放入清水中浸泡约30分钟。

2 将杏鲍菇末、洋葱末、蒜末装入大碗中，再放入猪肉馅、蛋清，充分搅拌均匀。

3 向肉馅中淋入料酒、盐、花椒粉、生抽，用筷子朝一个方向搅拌约3分钟备用。

4 带上一次性手套，取适量搅拌好的杏鲍菇肉馅在手心，团成圆球状，

5 放进浸泡软的糯米中滚一圈，放入平底盘中，依次将所有的做好。

6 入蒸锅中以中火蒸约1小时即可，出锅后可点缀些枸杞和青菜叶。

素菜吃出肉滋味：

手撕杏鲍菇

小杏鲍菇……………………4个
青黄红椒……………………各20g

蒜……………………………4粒
香油…………… 1茶匙(5ml)
米醋…………… 1茶匙(5ml)
盐…………………………… 3g

1 将杏鲍菇在清水中洗净，切成大片，放入蒸锅中以大火蒸8分钟，取出晾凉备用。

2 将青黄红椒去蒂、籽，洗净，切成特别细小的末；大蒜去皮，洗净，同样切成细末。

3 将切好的青黄红椒末、蒜末倒入小碗中，再加入米醋、盐、香油调味，充分搅拌均匀做成味汁。

4 带上一次性手套，将杏鲍菇撕成小条，摆入盘中，淋上调好的味汁即可食用。

我最爱的超级下饭菜：

黄油煎杏鲍菇

<用料>

杏鲍菇……………………2个

黄瓜……………………1小段

<调料>

盐……………1/2茶匙(3g)

黑胡椒碎……1/2茶匙(3g)

黄油………… 1汤匙(15g)

海鲜酱………………… 1g

生抽…………………3ml

料酒…………………3ml

白糖………………… 3g

<做法>

1 将杏鲍菇在清水中洗净，沥干水分，切成3毫米厚的薄片；黄瓜洗净，切成薄片，平铺在盘中。

2 平底锅烧热，抹上一层黄油，完全融化后，转小火，将杏鲍菇铺于锅中备用。

3 将海鲜酱也放入锅中翻炒，同时加入料酒、生抽、白糖、在杏鲍菇表面撒一层盐，再撒一层黑胡椒碎，煎约半分钟，用盐调味。

4 将杏鲍菇片翻面，再撒上一层盐和黑胡椒碎，煎半分钟即可出锅装盘码在黄瓜片上，趁热吃。

面团妈妈小叮咛

1.杏鲍菇要切成小薄片而不是厚片，这样更容易入味，更容易熟。

2.黑胡椒要选择黑胡椒碎而不是黑胡椒粉。

3.必须选择动物黄油而不是植物的，如果没有黄油，可以用色拉油代替，但是味道会有差别。

奖励给乖乖的好孩子：

奶香紫薯泥

〈用料〉

紫薯…………………… 200g

蛋黄沙拉酱……………30g

淡奶油…………… 100ml

〈做法〉

1 将紫薯洗净，去皮，切成大块，放入蒸锅蒸熟备用。

2 待紫薯不是很烫的时候，将紫薯放入碗中，用勺子把紫薯捏碎。

3 在紫薯泥中倒入淡奶油，用筷子充分将其搅拌均匀。

4 将拌匀的紫薯泥装入保鲜袋中，用擀面杖压几下，使紫薯泥更细腻。

5 将紫薯泥装入裱花袋，在盘子中挤出一小坨紫薯泥，将所有的都挤好备用。

6 将蛋黄沙拉酱装入裱花袋子，在袋子尖上剪个小口，然后将蛋黄沙拉酱挤在紫薯泥上即可。

原来山药不是药呀!

甜玉米山药泥

山药………………… 250g

胡萝卜…………………50g

甜玉米粒………………50g

植物油…… 1汤匙(15ml)

盐……………………… 2g

香油……………… 少许

1 将山药去皮,洗干净，切小块，入蒸锅中大火蒸10分钟，取出。

2 待山药基本冷却，装入保鲜袋中，用擀面杖将山药压成泥。

3 甜玉米粒在沸水中汆烫一下，捞出，沥水，切成碎末。

4 胡萝卜切末，放入油锅中煸炒，时间不用太长，因为胡萝卜是可以生吃的，所以炒的基本断生就可以了。

5 准备一个大碗，将压好的山药泥倒入，加入炒好的胡萝卜和甜玉米粒碎，加入盐调味，将所有食物拌匀。

6 准备好果冻模，在内壁涂上一层香油，然后填入混合山药泥，用勺子压紧，再倒扣在盘中即可。

香菇做成的小小船：

豆腐肉末酿香菇

〈用料〉　〈调料〉

干香菇…………………10朵
猪肉……………………150g
豆腐……………………100g
胡萝卜…………………50g

盐………………………2g
料酒…………1茶匙(5ml)
水淀粉……1汤匙(15ml)

〈做法〉

1 将干香菇放入清水中浸泡3小时，完全泡软，再次清洗干净，挤干水分，将香菇蒂剪下。

2 将猪肉洗净，切成末；胡萝卜去皮，洗净，切成末；将豆腐捏成泥；将香菇蒂切成末。

3 将肉末、胡萝卜末、豆腐泥和香菇蒂末放入大碗中，加入料酒、盐，用筷子搅拌2分钟。

4 将做好的豆腐肉馅酿在香菇中，将香菇整齐地码在盘子中。

5 将盘子放入蒸锅中，直接开火，水开后再蒸10分钟出锅。

6 出锅后将盘子中汤汁倒回锅中，用水淀粉勾一层薄芡，然后将汤汁淋在做好的香菇上即可。

将肉肉裹在叶子里！

包菜肉糜卷

面团妈妈小叮咛 1.也可用豆腐皮、千张皮、白菜叶子代替生菜叶。2.蒸的时间不超过5分钟，不然馅老叶子黄。3.馅不能包太多，不然容易不熟。

猪肉馅……………………60g

生菜叶子…………………6张

蛋清…………………… 1/2个

葱末…………………… 3g

料酒………… 1茶匙(5ml)

盐…………………………… 2g

植物油……………… 少许

番茄沙司…………… 适量

1 将生菜叶子洗净，放入沸水中汆烫一下，水中加点盐和植物油，叶子烫软后立即捞出。

2 猪肉馅中放入葱末、料酒、蛋清、盐、植物油搅拌均匀备用。

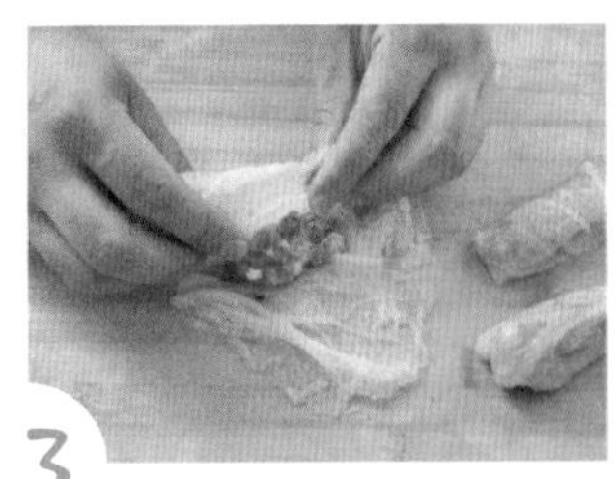

3 生菜叶子中包入肉馅，不要包的太多，大概10克左右就可以了。

4 将包菜卷包好后，整齐地码在盘中入锅蒸，大火烧开水后再放上去蒸。

5 大概5分钟取出，将番茄沙司均匀地淋在菜卷上即可。

一个个可爱的小肉滚儿：

培根金针菇卷

培根……………………3片

金针菇……………… 100g

将培根从袋子里面取出，沥干水分，在培根中间一刀切2半或者3半（一般2半比较容易包裹起金针菇）备用。

将金针菇剪掉根部，洗净，切成与培根宽度一致的段，在沸水中稍微烫一下，取出，沥水。

将金针菇段放在培根上，用培根将金针菇卷起，用牙签扎一下固定住备用。

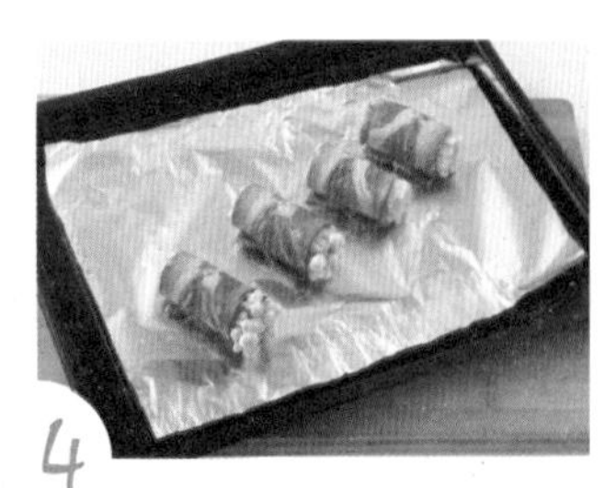

烤盘铺上一层锡纸，把固定好的培根卷整齐地码入烤盘中。

烤箱预热180℃，烤盘放入烤12分钟即可。（如果没有烤箱，可以放入不粘锅内用中小火煎5分钟就可以了）

妈妈说这道菜还叫时来运转：

培根芦笋卷

胡萝卜……………… 1根
长培根…………………3片
芦笋………………… 200g

黑胡椒碎…………… 少许

做法

1 芦笋、胡萝卜去皮，洗净，切成长短粗细相当的细长段，沥干水分；培根改刀切短。

2 将芦笋、胡萝卜段放入锅中焯水，捞出，沥水备用。

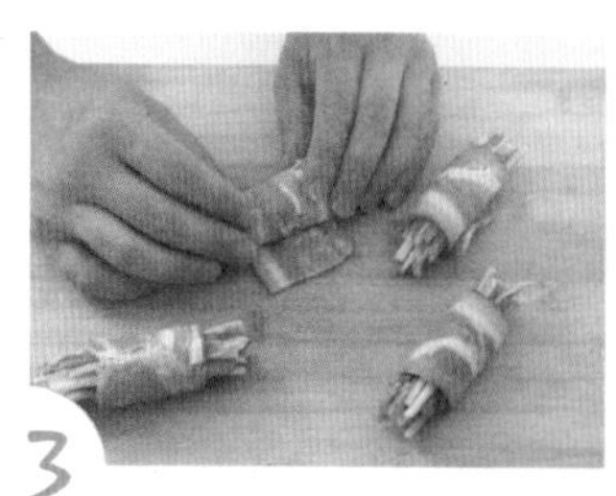

3 取一片培根卷起适量的芦笋和胡萝卜段，并且用干净的牙签固定。

4 将处理好的培根卷，放入平底锅中，用中小火煎制，煎至培根变色，换一面煎，在培根表面撒少许黑胡椒碎即可出锅。

面团妈妈小叮咛

1.这道菜的培根请选用长条培根，太短了不容易卷起。

2.煎制时锅中也可以不放油，培根本身的油会出来。

健康爱牙大虾来帮忙：

翡翠虾仁包

面团妈妈小叮咛 1.可根据需要将内馅换成其他口味，圆白菜叶可用大白菜叶替换。2.如蒸制时间过长，菜叶颜色会变暗，因此馅料不易放多。

虾仁……………………50g
圆白菜叶……………………3片
香菇……………………1个
葱叶…………………… 少许

盐…………………… 1g
姜汁、香油 ……… 各少许

1 圆白菜叶洗净，入沸水中烫软备用。

2 虾仁去虾线，洗净，用盐和姜汁搅匀，腌渍10分钟。

3 香菇去蒂，洗净，切成碎丁，入沸水中焯烫半分钟。

4 将香菇碎放入腌好的虾仁中，搅拌均匀，制成馅备用。

5 取1片圆白菜叶铺在案板上，取少许馅料放在中间，拉起叶子四周使其收拢，再用烫软的葱叶系好，这样翡翠虾仁包就完成了。用同样的方法将其余的全部做好。

6 蒸锅上火，加水烧开，把做好的翡翠虾仁包放入盘中，用大火蒸8分钟即可。

妈妈蒸出绝世好滋味!

日本豆腐蒸虾仁

<用料>

日本豆腐……………………1袋

鲜虾………………………10只

黄瓜丁……………………20g

<调料>

盐…………………………2g

料酒…………1茶匙(5ml)

生抽…………1茶匙(5ml)

淀粉……………1茶匙(5g)

<做法>

1 鲜虾清洗后挑出虾线去除表壳，洗净，加盐、料酒腌一下。

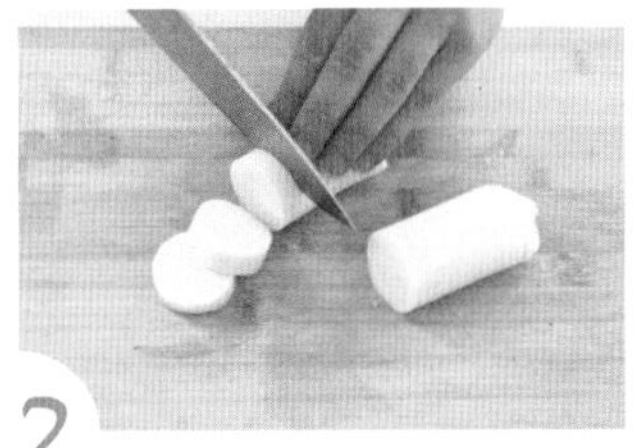

2 用刀把豆腐从中间切开（包装外部有虚线提示，按提示操作），分成两段后，拎起包装底部，轻轻把豆腐放到案板上，切成1厘米厚度的薄片。

3 把切好的日本豆腐均匀地摆入盘中，豆腐表面各摆放一只虾仁。

4 撒少许盐，准备入锅蒸，锅中水开后5分钟取出，保持豆腐与虾鲜嫩的口感。

5 把盘中蒸出来的水分倒入碗中，加少许淀粉调均匀，把水淀粉倒入锅中，加入少许生抽，待形成薄薄的芡汁之后熄火。

6 虾仁上放上黄瓜丁点缀下，把芡汁倒入小碗，浇在蒸好的豆腐虾仁上即可食用。

吃带鱼的绝招，你知道吗?

黑胡椒干煎带鱼

面团妈妈小叮咛 1.带鱼一定要新鲜，最好买粗细适中的。2.可以按孩子的喜好再调整下调味料，比如说增加点孜然之类的。

〈用料〉

带鱼……………………2根

〈调料〉

葱段……………………3段

姜片……………………4片

柠檬汁……… 1茶匙(5ml)

盐………………………3g

黑胡椒碎………………3g

黄油………… 2汤匙(30g)

面粉……………………适量

〈做法〉

1 将带鱼清洗干净，切成寸段，切上花刀，放入适量葱、姜、柠檬汁、盐和黑胡椒碎腌制10分钟。

2 将鱼段两面拍上干面粉，抖去多余的面粉。

3 平底不粘锅烧热，下入适量黄油，待黄油完全融化，下入鱼段煎。

4 中大火煎，煎至一面略焦黄，翻面煎另一面，撒上一层盐和黑胡椒碎。

5 待带鱼两面都煎好，再撒一些椒盐和黑胡椒碎，即可出锅装盘了，趁热食用为佳。

我要变成小神童：
三文鱼炖豆腐

- 三文鱼……………… 150g
- 豆腐………………… 150g
- 香菜…………………1根

- 香葱……………………20g
- 姜……………………1小块
- 蒜……………………4瓣
- 生抽……… 1汤匙(15ml)
- 老抽………… 1茶匙(5ml)
- 白糖…………… 1茶匙(5g)
- 料酒……… 1/2茶匙(3ml)
- 醋………… 1/2茶匙(3ml)
- 植物油…… 2汤匙(30ml)

1 香葱切葱花，姜切片，蒜剥皮拍扁，香菜切段备用。

2 将洗净并沥干水分的三文鱼和豆腐切成2厘米见方的块。

3 锅内抹少量植物油，加入三文鱼煎制，翻面，煎至三文鱼两面金黄。

4 将豆腐放入锅中煎制，翻面，煎至豆腐两面金黄。

5 将煎好的三文鱼块和豆腐块捞出，用厨房吸油纸将表面的油分吸除。

6 锅内留着煎三文鱼和豆腐的油，放入葱、姜、蒜爆香，加入生抽，大火煮沸，加入煎好的三文鱼块和豆腐块。

7 加入适量水炖煮1分钟，加入老抽、白糖、醋、料酒调味，大火将汤汁煮沸，盖上锅盖，转小火焖10分钟，打开锅盖，转大火，收汁，盛盘撒葱花、香菜段即可。

面团妈妈小叮咛

因为三文鱼自身的油脂丰富，所以煎三文鱼的时候不需要多加油。

它不是一般的鸡蛋：

肉臊烘蛋

面团妈妈小叮咛 鸡蛋里加润湿的生粉是为了增加蛋液的粘度和蓬松感，但是不要加太多水去润湿生粉，只需一点点的水就够了。

<用料>

- 猪肉馅……………………50g
- 黑木耳……………… 2～3个
- 香菇………………………1个
- 鸡蛋………………………2个

<调料>

- 姜、葱、蒜………… 各适量
- 郫县豆瓣………1茶匙(5g)
- 糖…………… 1/2茶匙(3g)
- 生抽………… 1茶匙(5ml)
- 水淀粉 …… 1茶匙(5ml)
- 植物油…… 2汤匙(30ml)
- 生粉………… 1汤匙(15g)

<做法>

1 姜、葱、蒜切碎，黑木耳泡发后切丁，香菇泡发后切小丁备用。

2 锅里放少许植物油，下猪肉馅翻炒至变色，加入郫县豆瓣和姜蒜末继续翻炒，用少许糖提味。

3 倒入黑木耳和香菇稍炒，然后加入少许生抽、水，煮开后，用水淀粉勾芡备用。

4 煮肉酱时另外用一只锅子煎蛋：先把鸡蛋打散，然后加入稍微润湿的生粉拌匀。

5 锅里放稍微多一点植物油，油热后舀起一半的油，然后把蛋液倒入锅中，表面淋上另外一半的热油，煎至金黄色装盘。

6 把事先准备好的肉酱淋在鸡蛋上，撒一把葱花即可。

换个造型，感觉就是不一样！

蜂蜜棒棒翅

〈用料〉

鸡翅根…………………8个

〈调料〉

蜂蜜…………………………15g

儿童酱油…………… 20ml

蚝油…………………………12g

米酒……… 1汤匙(15ml)

大蒜…………………………2瓣

番茄酱………………………10g

蜂蜜水 …………… 适量

〈做法〉

1 鸡翅根洗净，沥干水分，用刀在根部切一圈，切断筋和肉；大蒜洗净，剁成蒜蓉。

2 然后用手将鸡翅肉往下扒到底，如果不好扒，用刀沿着骨头向下刮。

3 将蜂蜜、儿童酱油、蚝油、米酒、蒜蓉、番茄酱充分拌匀，制成腌料。

4 鸡翅均匀地在腌料中滚一圈，至少腌3小时以上备用。

5 将烤箱预热至200℃，鸡翅骨头根部包上锡纸（防止烤的焦糊难看也方便拿取食用）。

6 入烤箱烤约20分钟左右，中间可以取出烤盘刷一次蜂蜜水，再放回烤箱继续烤5分钟即可。

妈妈的月亮肉：

咸蛋豆腐蒸肉饼

用料

猪肉馅……………… 100g

豆腐………………… 100g

咸蛋黄………………2个

胡萝卜…… 1/2根（约50g）

调料

香葱………………… 少许

姜…………………… 少许

生抽……… 1汤匙（15ml）

五香粉……………… 2g

淀粉………………… 少许

香油………………… 适量

做法

1 胡萝卜洗净，去皮切碎末；香葱、姜切碎。

2 豆腐用擀面杖捣碎或用铁勺压碎成豆腐蓉。

3 以胡萝卜、香葱碎、姜碎、豆腐蓉加入肉馅，再加生抽、五香粉、香油搅匀，如粘稠度不够可加少量淀粉。

4 用手将搅拌好的馅料用手整理成小圆饼，中间压一个坑。

5 将咸蛋黄对切取半个放在坑内。

6 将肉饼放在盘中入蒸锅蒸15分钟，蒸好后将蒸肉饼产生的汤汁倒入炒锅内，水淀粉沿锅边倒入勾芡，将芡汁浇在蒸好的肉饼上即可。

my baby loves to eat

活泼小食

健康开胃的小零嘴：

琼脂山楂糕

<用料>

新鲜山楂…………… 500g
糖桂花……………… 少许

<调料>

白砂糖…………………40g
冰糖………………… 220g
干琼脂…………………30g

<做法>

1 将山楂洗干净，摘去梗，对剖开，挖去籽。

2 将山楂倒入不锈钢锅中，加入白砂糖拌匀，盖上保鲜膜，入冰箱冷藏24小时。

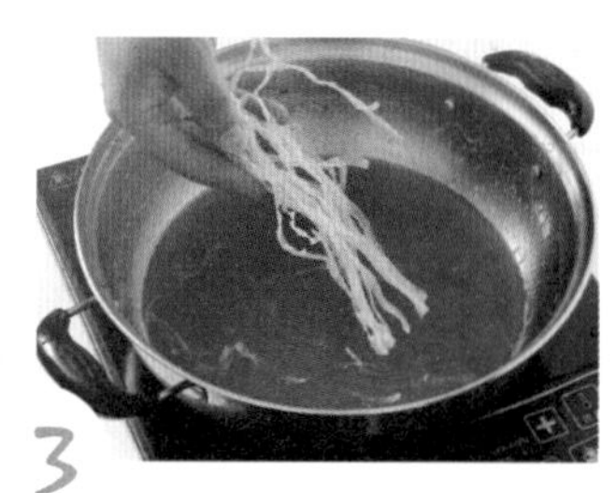

3 将用糖腌制了一天的山楂倒入不锈钢锅中，加入一大碗清水，倒入打碎的冰糖，用小火边煮边搅拌，熬到山楂很烂的状态，加入泡软的琼脂，继续搅拌熬煮，汤汁也开始变得浓稠，坚持10～15分钟，熬到很浓稠的状态就可以熄火了。

4 晾凉后装入耐高温碗中，完全冷却后入冰箱冷藏半天，即可切块，淋入糖桂花食用。

面团妈妈小叮咛

1.熬山楂，一定要用小火，特别是加入糖之后，火大了很容易糊，而且要经常搅拌。
2.高糖食品一次吃1块较合适，千万不要吃多。
3.保质期：密封保存。尽快食用。冰箱冷藏一个星期。

谁说胡萝卜不好吃的?

胡萝卜小人

〈用料〉

胡萝卜……………………1根

〈调料〉

蛋黄沙拉酱………… 少许
儿童酱油…………… 少许
香油………………… 少许

〈做法〉

1 将胡萝卜洗净，去皮，切成5毫米厚的胡萝卜片备用。

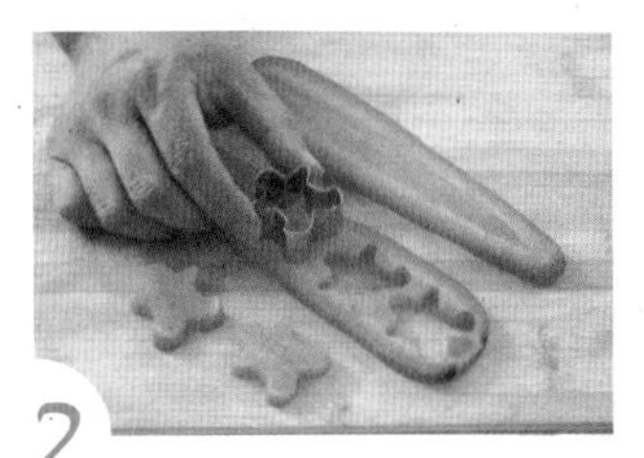

2 用压花器小心地压出胡萝卜的形状。

3 将所有切好的胡萝卜片压完。

4 将胡萝卜片平铺在盘中，入锅大火蒸7分钟。

5 准备蘸酱。蘸酱a：蛋黄沙拉酱；蘸酱b：儿童酱油兑上香油。

6 让孩子用牙签插着胡萝卜就着蘸酱吃，非常可口哦！

真的满屋子飘香啊！

法香蒜蓉烤吐司

<用料>

吐司面包片……………2片

<调料>

盐……………………… 2g

法香…………………1小朵

大蒜…………………4瓣

黄油……… 1小块(约20g)

<做法>

1 将吐司面包片去掉四边，将中间的白色正方形，一切为四，分成四小块备用。

2 法香洗净，沥干水分，切成碎末；大蒜去皮，洗净，切成碎末。

3 将黄油放在耐热容器中融化，加入切碎的法香和大蒜末，加盐调味，用勺子搅拌均匀。

4 将吐司面包片铺在烤盘中，涂上一层黄油蒜蓉酱，送入预热好的烤箱。以180℃，5分钟，上下火，中层，5分钟后，香喷喷的烤吐司就可以吃了。（时间和温度仅供参考）

冰镇一下更美味!

水果小汤圆

小汤圆················ 20个

猕猴桃···················30g

火龙果···················30g

草莓·····················30g

1 将猕猴桃、火龙果去掉外皮；草莓洗净，沥干水分；将所有水果切小丁备用。

2 锅中倒入适量的清水，以大火烧开，下入小汤圆，待汤圆浮在水面，就煮好了。

3 将煮好的小汤圆盛入碗中，适当的放入些煮汤圆的热汤，将水果丁撒在上面，拌匀即可。

面团妈妈小叮咛

1.还可以加点蜂蜜搅拌了再吃，更甜蜜哦。水果也可以一同煮一下再吃。

2.汤圆为糯米食品，不要让孩子一次吃太多。

一天一个蛋，健康又聪明!

鲜贝蒸蛋羹

〈用料〉

扇贝……………………3个
鸡蛋……………………1个

〈调料〉

香油………… 1茶匙(5ml)
盐…………………………1g
料酒…………………………3ml
儿童酱油…… 1茶匙(5ml)
葱花……………………少许

1 将扇贝从壳中取出，充分清洗干净，沥干水分备用。

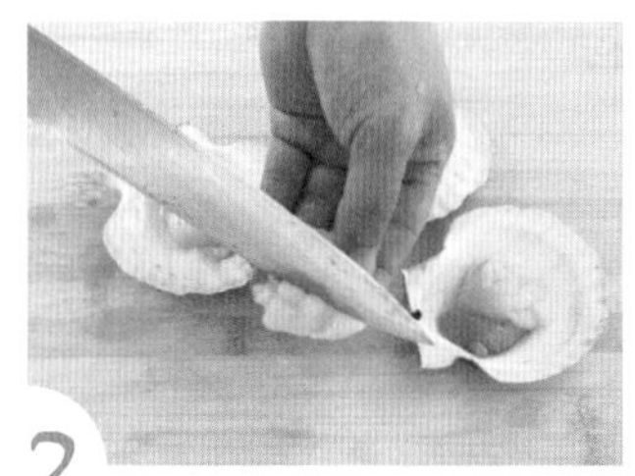

2 将贝肉切上花刀，方便入味和成熟，切好后摆在盘子中备用。

3 将鸡蛋打入碗中，加入香油、盐、料酒，用筷子打成蛋液，再加入1:1的凉水（例如50克的蛋液加入50克的水），打成蛋液备用。

4 将蛋液倒入扇贝盘子中备用。

5 将盘子放在蒸锅中，盖上一个大盘子。

6 先开大火，等水烧开后转中小火烧5分钟，熄火，焖1～2分钟取出。

7 取出后淋少许儿童酱油，撒点葱花即可。

妈妈说早餐很重要：

胡萝卜香肠蛋饼

面团妈妈小叮咛 1.如果作为早餐，记得给孩子配上牛奶一起吃哦，营养更加丰富。2.在煎蛋饼的时候是一直保持小火的，不要开大火。

胡萝卜……………………50g
面粉……………………50g
鸡蛋……………………2个
香肠……………………50g

<调料>

盐…………………… 3g
葱花…………………… 少许
植物油…………………… 适量

1 香肠切圆片；胡萝卜去皮，洗净，切成圆片；鸡蛋磕入碗中，打散成蛋液备用。

2 蛋液中加入面粉、30毫升清水、葱花、盐，充分打匀。

3 将锅子烧热，锅中倒入适量植物油，倒入蛋液，摊平，约五成熟的样子，放上薄香肠片和胡萝卜片。

4 待蛋饼8成熟的时候，将其翻面，转中火，继续煎2分钟。

5 出锅，盛出放在案板上，用刀切成小块即可。

饺子的七十二变：

鲜肉蛋饺

面团妈妈小叮咛 圆底锅是辅助成功的法宝之一，实在没有，平底的也可以，但要十分的小心倒入蛋液，以免摊得不圆哦！

鸡蛋……………………3个
猪肉馅……………… 100g

盐…………………… 3g
葱花………………… 少许
五香粉……………… 2g
香油……………………2ml
淀粉…………1茶匙(5g)

1 将鸡蛋打成蛋液，一个蛋饺皮子大概需要一勺蛋液，不用太满；肉馅加入葱花、香油、淀粉、五香粉、盐搅拌均匀。

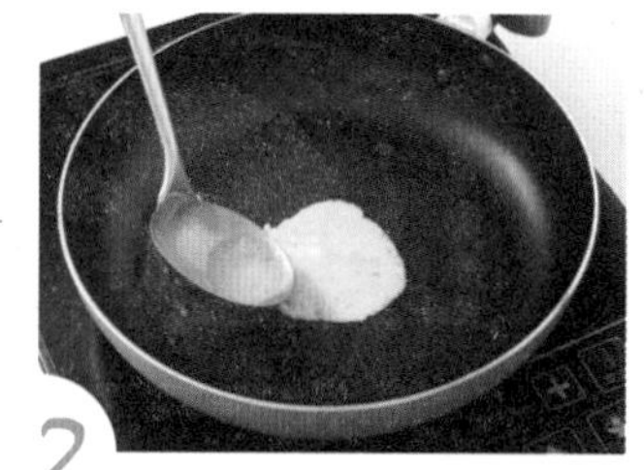

2 将圆底锅烧热，抹上一层植物油，然后把火关小，把蛋液从中间小心的倒入。

3 如果觉得蛋皮很容易熟，先把火关掉，在蛋皮表面还是液体的时候，放上馅，然后快速的用筷子翻起半边盖上馅，用筷子将边按严实，也可用手指头按，小心烫到。

4 半边成型固定后翻过来，另一面再烙10～20秒就可以出锅了。

5 将蛋饺放入蒸锅中，以大火蒸5分钟即可。

三只小鸡，叽叽叽！

可爱的鸡蛋

面团妈妈小叮咛 1.如果挑不到小个的鸡蛋，也可用鹌鹑蛋或鸽子蛋替代。2.橙子皮也可用胡萝卜或其他硬蔬菜替代哟。

鸡蛋……………………3个

生菜…………………1/2棵

橙子皮……………… 适量

黑芝麻……………… 少许

1 挑选小个的鸡蛋放入沸水锅中煮熟，放入凉水中备用。

2 将过凉水后的鸡蛋轻轻去外壳，尽量保持鸡蛋完好无损。

3 橙子皮洗净，沥干水分，切出小三角和齿轮状；生菜洗净，切碎，沥干水分后铺在盘子底。

4 鸡蛋表面在“嘴”“头部”分别划一小刀，将两片橙皮小三角当做嘴，齿轮状当做鸡冠。

5 最后，再用黑芝麻点缀成眼睛，一只可爱的鸡蛋就做好了，反复将三个鸡蛋都做成小鸡的样子就可以了。

我的能量早餐!

香蕉吐司卷

面团妈妈小叮咛 1.可以在吐司和香蕉之间涂上任何口味果酱、花生酱等，口感会更丰富，浇上炼乳更香甜。2.一定要用已经成熟了的香蕉。

<用料>

吐司……………………2片
鸡蛋……………………1个
香蕉……………………1根

<调料>

炼乳…………………… 适量
黄油………… 2茶匙(10g)

<做法>

1 将准备好的吐司切去四边，放入微波炉里面加热约30秒，取出；香蕉去皮，切成和吐司差不多长度的两段。

2 吐司片将香蕉卷起卷紧，开口朝下。

3 将鸡蛋打散成蛋液，将吐司卷均匀地裹上一层蛋液。

4 平底锅内放入适量黄油，加热至融化后，将吐司卷放入锅中，煎至吐司呈金黄色。

5 待吐司煎好后盛出，淋上适量炼乳即可食用。

稍息，立正，站好！

奶酪小丸子

面团妈妈小叮咛 肉丸子一次可以多做几个，多做几种，放在冰箱冷冻室内保存；但是冷冻的时间不要太长，不超过10天比较好。

用料

鸡脯肉……………… 100g
虾仁………………… 100g
奶酪…………………40g

调料

葱、姜 …………… 各少许
黄油…………………20g
淀粉………… 1汤匙(15g)
料酒……… 1汤匙(15ml)
生抽……… 1汤匙(15ml)
盐………………………3g
糖………………………3g

做法

1 鸡脯肉和虾仁分别洗净，沥干水分，剁成肉馅；葱、姜切末；奶酪刨成丝备用。

2 将鸡肉馅和虾肉馅分别加入葱末、姜末、料酒、生抽、盐、糖、淀粉搅拌均匀。

3 取适量鸡肉馅或虾肉馅，在手心按薄成片，放入一小勺奶酪丝，搓成等大的肉丸。

4 将两种肉馅分别搓成等大的肉丸子。

5 锅中放入黄油，烧热至融化，把做好的丸子放入锅内，不时翻动一下丸子，煎至表面呈金黄色即可食用。

拒绝苦味，但不拒绝苦瓜：

紫薯苦瓜圈

苦瓜……………………1根
紫薯…………………… 150g

蜂蜜……… 1汤匙(15ml)
盐…………………………… 1g

做法

1 紫薯洗净，去皮，切成小块；苦瓜洗净，沥干水分备用。

2 将紫薯块放入盘中，放入蒸锅中大火蒸软；将蒸好的紫薯块用勺子压成紫薯泥，淋入蜂蜜，搅拌均匀成泥。

3 苦瓜去两头，切成两段，用勺子去掉苦瓜瓤。

4 锅中水开后加入少许盐，把苦瓜焯水约5分钟后捞出，焯好的苦瓜用凉水冲凉。

5 往苦瓜里填满紫薯泥，压紧实，切片装盘即可。很漂亮的一盘苦瓜紫薯，味道先苦后甜。

奶香四溢：

虾仁炒牛奶

〈用料〉

全脂牛奶………… 100ml
鸡蛋…………………… 2个
虾仁…………………… 20g

〈调料〉

淀粉…………………… 5g
植物油…… 2汤匙（30ml）
糖……………………… 1g
盐……………………… 2g

1 虾仁洗净后沥干水分，加入少许盐，腌渍10分钟至入味。

2 将蛋清与蛋黄分离，留蛋清备用。

3 锅内放少许植物油，烧热后放入虾仁快炒至熟，盛出备用。

4 将一半量的牛奶倒入盆中，加入淀粉、糖、盐调味并混合均匀。

5 在牛奶中加入蛋清，将牛奶液与蛋清一起充分打散。

6 再将剩余的牛奶再次倒入，一起搅打均匀。

7 锅烧热后，倒入适量植物油烧至五成热时，倒入牛奶蛋液，朝一个方向不停翻炒至牛奶逐渐凝固成形。

8 最后加入虾仁快速翻炒匀，即可熄火盛盘。

满肚子福气的 福袋

<〈用料〉

虾仁……………………50g
胡萝卜…………………40g
芹菜……………………20g
鲜香菇…………………1朵
鸡蛋……………………2个

〈调料〉

植物油……………… 10ml
盐、姜汁 ………… 各少许

1 虾仁洗净，去沙线，切小丁，加姜汁腌渍15分钟；鸡蛋打散，搅拌均匀备用。

2 胡萝卜洗净，去皮，切小丁；芹菜洗净，去叶，切小丁；香菇去蒂，洗净，切小丁。

3 将切好的胡萝卜、芹菜和香菇用沸水焯烫约半分钟，捞出，沥干水分。

4 炒锅内倒少许植物油烧热，放入虾仁煸炒至九分熟。

5 加焯好的胡萝卜、芹菜和香菇炒匀，加盐调味，盛出作为馅料。

6 平底锅内抹少许植物油，烧热后舀取部分蛋液，轻轻转动锅，摊成蛋饼，用小火将其煎熟。

7 将蛋饼平放于盘中，舀少许馅料放在中央，拉起蛋饼四周使其收拢，再用红色线绳系好，这样一个黄金包就做好了。

8 用同样的方法做好剩余的黄金包摆盘即可。

圣诞节常出没的魔鬼蛋:

牛油果金枪鱼鸡蛋盅

<用料>

牛油果……………… 1/2个

鸡蛋……………………3个

金枪鱼罐头(油浸)……90g

甜玉米粒………………30g

香芹……………………20g

<调料>

盐……………………… 2g

黑胡椒碎……………… 3g

蛋黄沙拉酱… 1/2汤匙(8g)

〈做法〉

1 牛油果对半切开，将皮去除；将金枪鱼从罐头中取出，切碎备用。

2 将果肉放在容器中，用勺子碾碎成酱。

3 将碾好的牛油果、金枪鱼碎、甜玉米粒和蛋黄沙拉酱混合均匀。

4 加入盐、黑胡椒碎调味，搅拌均匀。

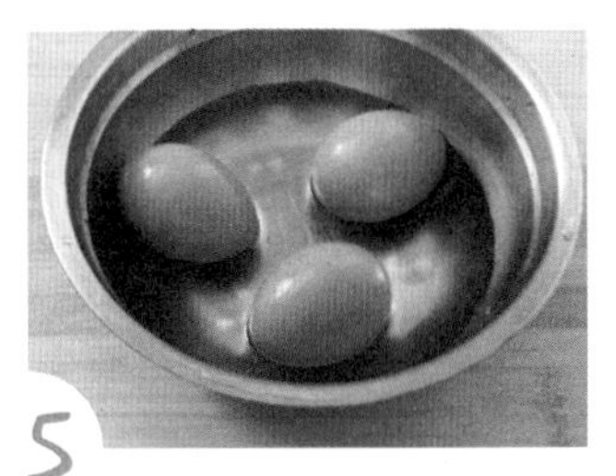

5 鸡蛋放入沸水锅中煮8分钟，捞出，用凉水浸泡，沥干水分备用。

6 鸡蛋剥皮，切半，将蛋黄抠出，蛋清留着备用；将蛋黄加入沙拉中，碾碎，搅拌均匀。

7 将沙拉装入鸡蛋盅内，表面加香芹装饰即可食用。

面团妈妈小叮咛

做沙拉的牛油果，要选择颜色发深发暗的那种，青绿色的牛油果通常没有成熟到位，比较硬，而发深发暗的牛油果，肉质比较软，适合做蘸酱或者沙拉，也没有夹生的味道。

小香肠真是太可爱了!

章鱼香肠

小香肠……………………6根
圆白菜……………………30g
西兰花……………………50g

番茄沙司…　1汤匙(15ml)
植物油……　2汤匙(30ml)
蛋黄沙拉酱…　1汤匙(15g)
黑胡椒碎……………… 3g
盐……………………… 2g

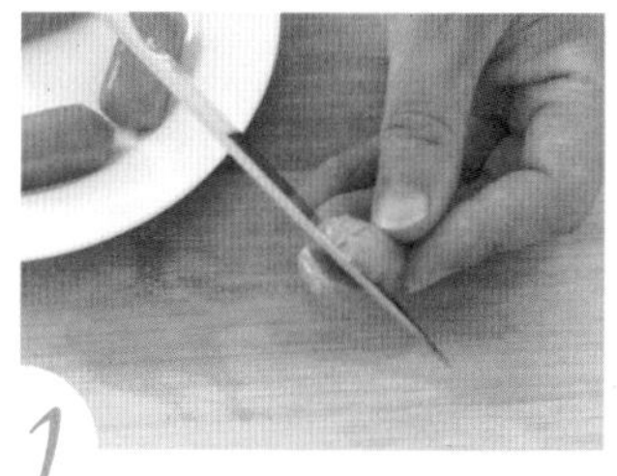

1 将小香肠从一端切十字刀，不要切断。

2 圆白菜去根、外皮，洗净，切细丝，沥干水分；西兰花掰成小朵，放入沸水中，加入少许盐焯熟，沥水。

3 将圆白菜放入盘中，加入蛋黄沙拉酱、黑胡椒碎；西兰花沥干水分，同样放在盘中。

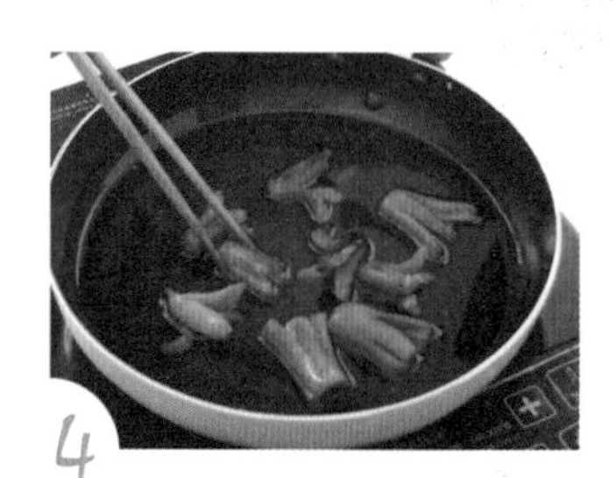

4 锅中倒入适量植物油，大火烧热后，将切好的小香肠放入油锅中，炸至小香肠腿翘起，表面微焦黄，捞出，沥油，放入盛有圆白菜及西兰花的盘中，吃的时候，搭配番茄沙司即可。

是菜也是小零食：

蜜汁豆干

面团妈妈小叮咛 糖用普通白糖或者冰糖粉都可以，炒糖色的时候一定要用小火，注意控制温度，炒过了会发苦，孩子不喜欢哦！

<用料>

白豆腐干…………… 200g

<调料>

糖…………… 1汤匙(15g)

老抽……… 2茶匙(10ml)

盐…………… 1/2茶匙(3g)

八角…………………… 2个

香油………………… 少许

熟芝麻……………… 少许

植物油…… 1汤匙(15ml)

盐……………………… 3g

葱花……………… 少许

植物油……………… 适量

<做法>

1 将白豆腐干切成约2厘米的小块，块太大会容易碎。

2 锅烧热下适量植物油，下入豆干煸炒或煎至表面呈金黄色。

3 锅中留少许底油，下入糖小火炒化，继续加热至冒泡，颜色变深黄，然后下入豆腐干炒匀上色。

4 锅中加入豆腐干2/3的水，约一碗，接着加入老抽、盐和八角，大火烧开后小火炖煮。

5 让豆腐干入味，汤汁变少时不停翻炒大火收汁，汤汁都收干了熄火，滴一点点香油拌匀，撒上熟芝麻即可。

北海道，我来啦！

章鱼烧

<用料>

自发面粉…………… 300g
章鱼…………………… 150g
圆白菜…………………60g
鸡蛋……………………1个

<调料>

盐…………………………… 5g
姜…………………………… 5g
葱…………………………… 5g
木鱼花…………………… 6g
青海苔粉………………10g
醋……………………… 10ml
蛋黄沙拉酱……………10g
植物油……………… 适量

<做法>

1 将自发面粉、鸡蛋、盐放入碗中，搅拌均匀，也可使用市售的章鱼烧粉代替，只要加入水和蛋搅拌均匀就可以了。

2 将姜切丝，葱切葱花，圆白菜切成丝，章鱼切成丁，加盐混合成内馅备用。

3 将烧烤模型加热后用刷子涂上一层薄薄的植物油，再将搅拌好的面糊倒入模型的圆洞中。

4 约3/4满，将内馅用料填入面糊中，然后再浇上少许面糊将用料盖住。

5 先倒入模型的面糊会先膨胀溢出，所以必须一边注意面糊的膨胀状况，若有溢出的部分需先用竹签拨回洞中。

6 烤至面糊周边与模型分开时，再用竹签将章鱼烧边缘划一圈后翻转180°，继续烧烤另一边。

7 等到整个章鱼烧膨胀至圆形时，继续使用竹签翻转几次，烧烤至全熟取出，适量涂上醋或蛋黄沙拉酱，撒上木鱼花与青海苔粉即可。

大牌闪亮登场了！

蜜汁叉烧肉

西团妈妈小叮咛 1.猪后臀尖肉质比较嫩，肥瘦适当没有筋膜。2.叉烧肉在食用时搭配梅子酱是非常受孩子欢迎的，因为吃起来具有解腻的作用。

用料

猪后臀尖肉…………200g

洋葱…………………1/2个

姜……………………10g

蒜……………………2瓣

香菜段………………5g

调料

料酒…………………5毫升

蚝油…………1/2汤匙(8g)

海鲜酱………1/2汤匙(8g)

叉烧酱………1汤匙(15g)

蜂蜜…………………20g

做法

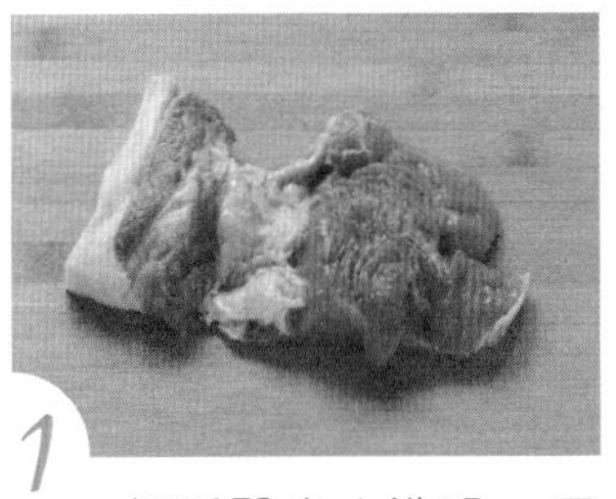

1 将后臀尖肉洗净，用厨房纸巾将表面水分擦干净，片成2厘米厚的大片，用松肉锤或刀背拍松。

2 洋葱去皮、根，洗净，切丝；姜切丝；蒜压成蒜蓉备用。

3 拍松的后臀尖肉中加盐、料酒、海鲜酱、蚝油、叉烧酱和洋葱丝、姜丝、蒜蓉、香菜，拌匀。

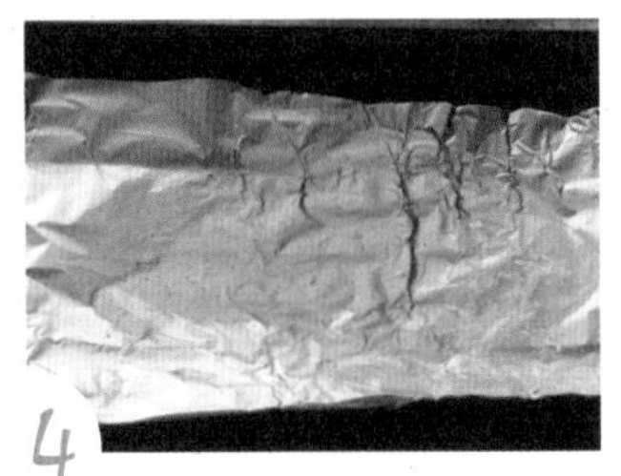

4 烤箱预热至190℃，烤盘垫一层锡纸。

5 将腌制好的肉表面刷一层蜂蜜，放在烤网上，烤网下接铺好锡纸的烤盘，放入烤箱中上层，先烤20分钟。

6 将叉烧肉取出，再刷一次蜂蜜，再入烤箱中，烤20分钟，最后切片食用即可。

以零食的名义吃肉!

自制猪肉脯

面团妈妈小叮咛 肉馅最好是自己剁，不要买冷冻猪肉，新鲜猪肉口感才好。另外，猪肉要选择纯瘦肉，个人觉得后腿肉比里脊肉的口感更好。

<用料>

猪肉馅…………………… 220g

白芝麻…………………… 少许

<调料>

盐…………………1茶匙(5g)

糖…………………1茶匙(5g)

胡椒粉……………1茶匙(5g)

料酒………… 1茶匙(5ml)

生抽………… 1茶匙(5ml)

老抽………… 1茶匙(5ml)

蚝油……………1茶匙(5g)

蜂蜜………… 1茶匙(5ml)

<做法>

1 将猪肉馅放入容器中，加入盐、糖、胡椒粉，加料酒、生抽、老抽、蚝油，继续朝一个方向搅拌。

2 把肉馅平铺在烤纸上，上面铺一张保鲜膜，用擀面杖将肉馅擀成薄薄的片。

3 肉馅擀好后，撕去保鲜膜，撒上白芝麻，轻压一下。

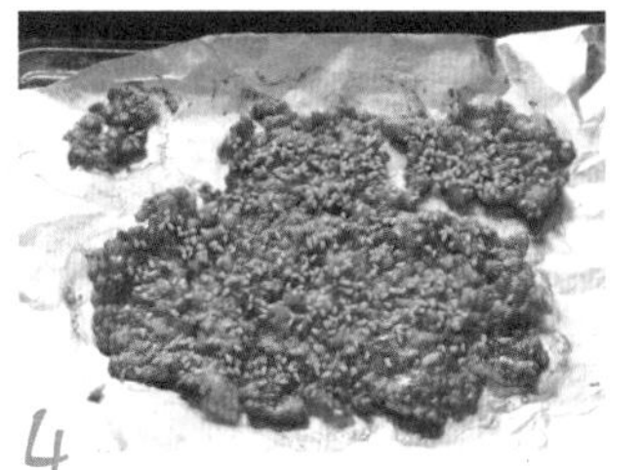

4 将烤箱预热至180℃，放入肉馅先烤15分钟，这个过程中会出一些水，肉变色变熟，体积略缩。

5 将烤盘取出，倒出渗出的水，在肉馅表面刷一层蜂蜜，反面也刷一层。

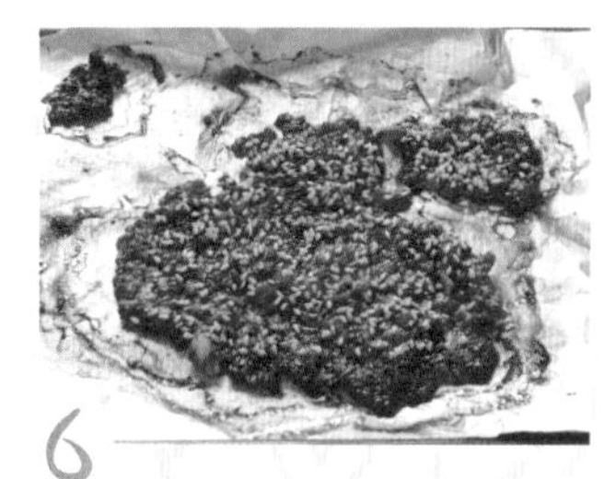

6 依然正面朝上（有芝麻的一面），再次将肉馅放入烤箱，以180℃烤继续15分钟即可。

不限量，好不好？

酸菜香肠

面团妈妈小叮咛 还可以在酸菜香肠中加入少许奶酪碎，这样经过烘烤的奶酪会融化在香肠中，使香肠的口感更加吸引孩子。

台式香肠……………………2根

酸菜…………………………40g

番茄沙司…… 1汤匙(15g)

香菜叶………………… 适量

1 酸菜洗净，沥干水分，切成碎末；香菜叶洗净，沥干水分，同样切成碎末备用。

2 香肠以牙签略叉少许小洞后，从中纵切划开，但不切断备用。

3 烤箱预热至150℃，放入做法2的香肠烤约10分钟至熟，取出。

4 在做法3香肠切开的缺口内填入酸菜碎末，再放回烤箱中烤约1分钟。

5 取出香肠挤上适量番茄沙司，再撒上香菜叶碎末即可。

Happy Family Day——

培根金针菇卷

金针菇…………………200g

培根……………………5片

植物油……1汤匙(15ml)

黑胡椒碎………1茶匙(5g)

孜然粉…………1茶匙(5g)

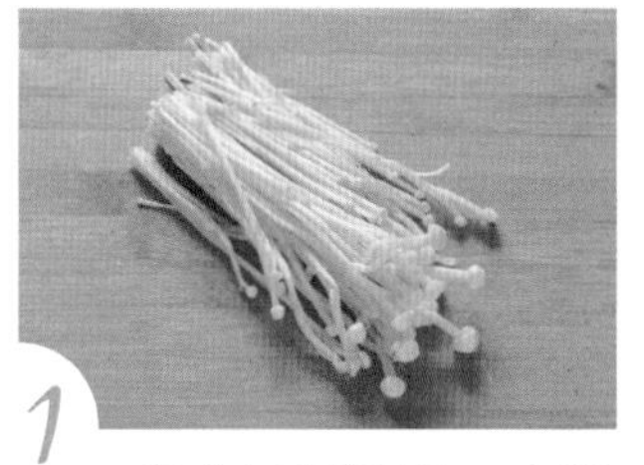

1 将金针菇洗净，去除根部，再次洗净，沥干水分后，以厨房用纸将金针菇表面的水分完全吸干。

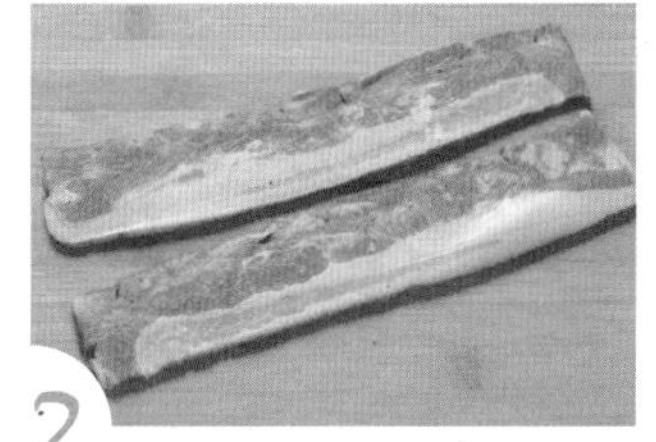

2 培根片从包装中取出后，表面会带有很多水分，最好也以厨房用纸将培根表面的水分完全吸干备用。

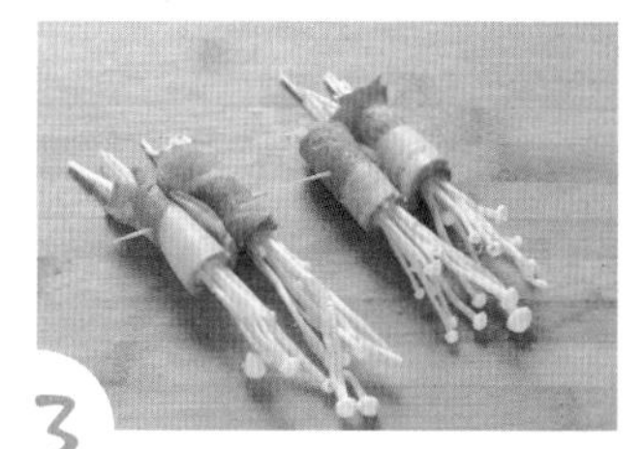

3 将金针菇用培根包起来，均匀撒上少许植物油，再根据自己的口味撒上黑胡椒碎和孜然粉，放入冰箱冷藏室，腌渍约10分钟。

4 将烤箱提前预热到180℃，大约预热5分钟；将包好的金针菇卷用竹签穿好，放入锡箔纸制盒中，再放入烤箱，以180℃上下火烤10分钟，取出，装盘即可。

面团妈妈小叮咛

金针菇的营养非常丰富，买回家后先清洗干净，然后用淡盐水浸泡清洗，用刀切下金针菇的根部，再将金针菇沥水就可以烹制了。如果一次买了很多金针菇，用不完，可将金针菇用报纸包好，放入冰箱保存。

吃到这个就是周末啦！

番茄牛肉串

小番茄……………… 10个
生菜叶…………………3片
鸡蛋……………………1个
牛肉………………… 200g

孜然粉………………… 5g
辣椒粉………………… 5g
盐……………………… 5g
植物油……………… 适量
烤肉酱…………………20g

1 将小番茄洗净，沥干水分，对半切开；生菜叶洗净，切成手掌大的片，并且沥干水分备用。

2 鸡蛋打成蛋液，加盐；平底锅中倒植物油，将蛋液倒入平底锅中，晃动锅体，将蛋液摊成蛋饼皮，取出，切成小方片。

3 将牛肉洗净，沥干水分，切成小块，抹上烤肉酱、孜然粉、辣椒粉，搅拌均匀，放入冰箱冷藏室中，腌渍30分钟备用。

4 将牛肉块用蛋饼皮包裹住，再用锡箔纸包裹好后，放入烤箱，220℃烤约8分钟，取出牛肉块，稍冷却备用。

5 用生菜叶包裹剖半的小番茄、蛋饼皮包裹的牛肉块用竹串起组合成串即可食用。

不限量，好不好？

麻辣牛肉干

面团妈妈小叮咛 关于肉条的切法，如果喜欢更有嚼劲的，就顺着牛肉的纹路切，或者干脆用手顺着纹路撕，粗细和长度孩子喜欢就好。

用料

牛肉……500g	辣椒粉……2茶匙(10g)	糖……2茶匙(10g)
盐……2茶匙(10g)	花椒粉……2茶匙(10g)	生抽……1汤匙(15ml)
生姜……2片	熟白芝麻……2茶匙(10g)	孜然粉……2茶匙(10g)
花椒粒……10粒	高度白酒……1汤匙(15ml)	植物油……适量

做法

1 将牛肉洗净，沥干水分，切大块，加姜片放入锅中，加入适量清水，大火煮开，煮至水沸腾后继续煮5分钟左右至所有肉块表面变白后熄火。

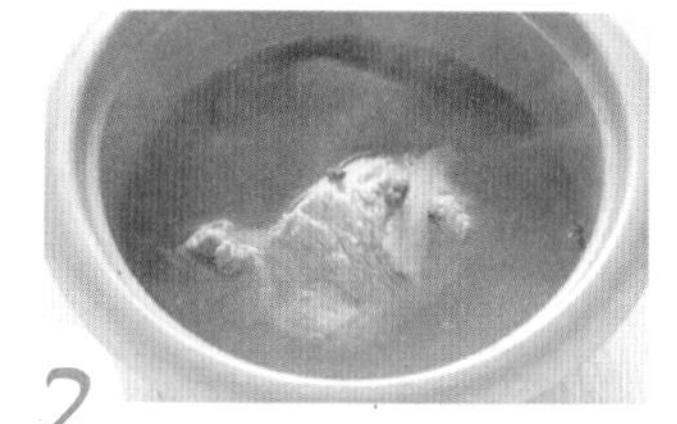

2 将牛肉块捞出，放入电高压锅内胆中，加入到肉高度三分之二处的清水，及盐、姜片、花椒粒，选择“豆类、蹄筋”功能键，煮至牛肉熟透。

3 煮好的牛肉等到高压锅自然减压后打开锅盖，捞出煮好的牛肉块，放至不烫手后切成比食指稍细，长度大概4厘米左右的牛肉条。

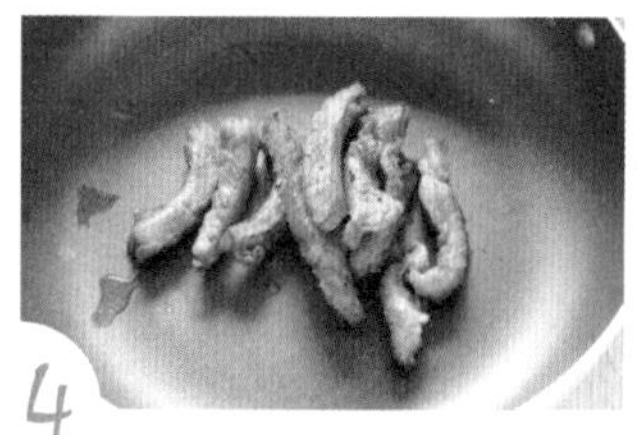

4 将辣椒粉和花椒粉倒入干净的炒锅中，小火炒香后盛出，锅内放入适量植物油，烧热，倒入切好的牛肉条，中小火慢炸并不停翻炒。

5 待肉表面稍微变深，加入白酒、生抽、盐，继续翻炒，当牛肉干炒至表面变干时，加糖继续翻炒，快出锅前加入辣椒粉、花椒粉和孜然、白芝麻翻炒均匀即可。

妈妈做的又干净又卫生！

烤羊肉串

面团妈妈小叮咛 羊肉有一种膻味，孩子会不喜欢。花椒水有很好的去腥作用，用来腌制羊肉是个非常好的方法。

羊肉………………… 200g
花椒………………… 10粒
盐………………1茶匙(5g)
料酒……… 1汤匙(15ml)
白胡椒……… 1/2茶匙(3g)
孜然……………1茶匙(5g)
植物油…… 1汤匙(15ml)
洋葱粒…………………30g
姜………………………2片

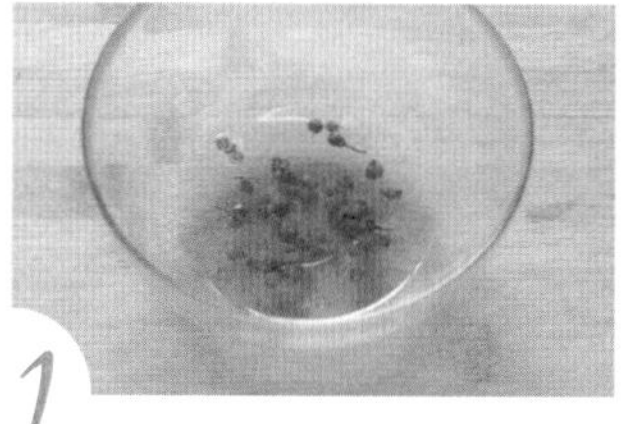

1 锅中加入100ml清水放入花椒煮开后转小火继续煮3分钟，待水自然冷却后将花椒去除不要，花椒水留用。

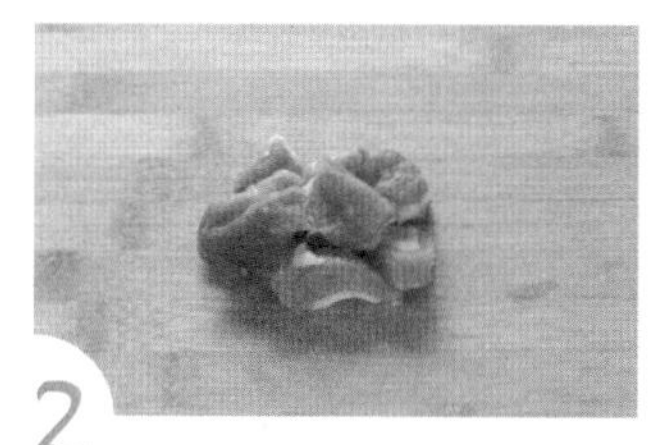

2 将羊肉洗净，再将羊肉上的筋膜去除，切成1厘米左右的块。

3 把羊肉块放入容器中，倒入冷却后的花椒水和料酒，抓拌后腌制10分钟备用。

4 将花椒水倒掉，加入2g盐、白胡椒粉抓匀，放入切成小丁的洋葱、姜片，再淋入5ml植物油抓匀，腌制10分钟。

5 将羊肉块穿成串，放在烤架上，均匀地刷一层植物油，再把剩余的盐、孜然，撒在羊肉串上，放入烤箱的中层；以200℃先烤5分钟，拿出翻面后，再在背面刷层油，撒盐、孜然，调高至220℃烤3分钟即可。

可以举着吃的

锡纸烤羊棒骨

<用料>

羊棒骨	2根	水	60ml	橄榄油	1汤匙(15ml)
洋葱	50g	辣椒粉	1g	盐	1/2茶匙(3g)
香菜	20g	孜然粉	1g	糖	1/2茶匙(3ml)
花椒	15粒	孜然粒	1g		

1 羊棒骨洗净，擦干表面水分，用刀将外层的筋膜和棒骨根的厚皮去掉。

2 用刀尖或铁签子在棒骨肉周围均匀的扎满小孔，方便入味。

3 花椒加入制成花椒水；羊棒骨放入容器，加入花椒水，用手揉搓使花椒水渗入肉的内部，腌制1小时以上。

4 将洋葱和香菜洗净，切末，放入小碗，然后加入辣椒粉、孜然粉、孜然粒、橄榄油、盐和糖搅拌均匀。将多余的花椒水倒出，撕两张锡纸，大小要能将整个棒骨包裹，烤箱预热至250℃。

5 每个棒骨放在锡纸上，将调好的洋葱香菜调味料浇上，用手将料和棒骨揉搓一会。

6 用锡纸将每个棒骨包裹严实，放入烤盘，放烤箱中层，以250℃烤约25分钟，将烤盘取出，将锡纸撕开，再烘烤大约25分钟，中途需翻面，烤至汤汁收干，两面颜色变深褐色即可。

面团妈妈小叮咛

如果小朋友聚会，可以选择肉多的整只羊腿，让摊主给剁成两半，否则羊腿很大也许放不进烤箱，一只羊腿有三四斤重，非常适合孩子们聚会时食用。

再看我，再看我就把你吃掉！

彩椒鸡肉串

鸡脯肉……………………1块
洋葱……………………30g
青椒、红椒、黄椒… 各1/2个
蛋清………………… 少许

料酒……… 2茶匙(10ml)
盐……………1/2茶匙(3g)
酱油……… 1/2茶匙(3ml)
胡椒粉………1/2茶匙(3g)

咖喱粉………1/2茶匙(3g)
泰式甜辣酱2汤匙(30ml)
白芝麻…………1茶匙(5g)
植物油…… 2汤匙(30ml)

1 鸡脯肉洗净，切成1厘米大的块，用料酒、蛋清、盐、酱油、胡椒粉和咖喱粉抓拌均匀，腌制20分钟。

2 将青、红、黄椒去蒂、籽，洗净，切成1厘米大的块；洋葱去掉外皮、根，洗净，切成1厘米大的块备用。

3 用竹签将鸡肉块、洋葱块和青、红、黄椒块，串在一起。

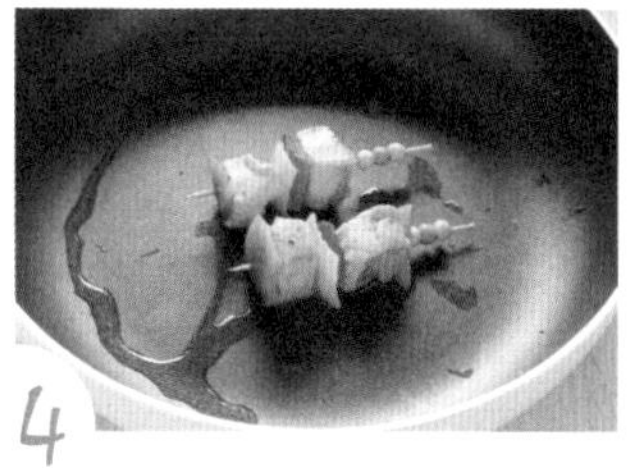

4 平底锅中倒入适量植物油，烧热至七成热后调成中火，放入鸡肉串双面煎熟取出，淋上泰式甜辣酱，撒少许白芝麻即可。

面团妈妈小叮咛

鸡肉串的调味料可以根据孩子的口味随意调整。如果孩子喜欢孜然，就在腌制鸡肉时放进去即可。

做梦都是甜蜜蜜的：

蜜汁烤鸡翅

鸡翅………………… 10个
洋葱…………………20g
大蒜…………………2瓣

蒜蓉辣酱……………10g
番茄沙司……………10g
蜂蜜……………… 10ml
孜然………………… 5g
红辣椒粉…………… 3g
盐…………………… 5g
黑胡椒粉…………… 3g
橄榄油………………5ml
新鲜百里香………… 3g

1 鸡翅用流动水冲洗干净，并沥干水分，在鸡翅正面斜切两刀，以便更加入味；洋葱去皮、去根，洗净；大蒜去皮，洗净；百里香洗净，切碎；将洋葱、大蒜、百里香切成细碎，混合均匀备用。

2 将鸡翅放入容器中，加入盐、黑胡椒粉、洋葱碎、大蒜碎、百里香碎、孜然粒、红辣椒粉、蒜蓉辣酱、番茄沙司、橄榄油和蜂蜜搅拌均匀，放入冰箱冷藏室内，腌渍约30分钟备用。

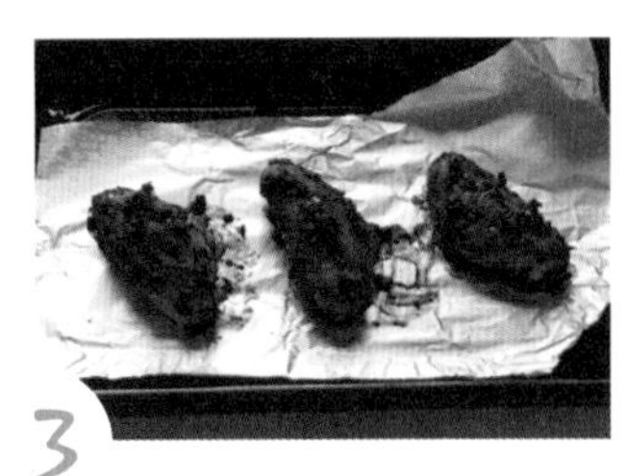

3 将腌渍好的鸡翅放入已预热好的烤箱中，以180℃烤至鸡翅完全熟透，取出，码盘即可。

放凉了更好吃！

烤鱿鱼

面团妈妈小叮咛 鱿鱼中含有丰富的钙、磷、铁元素，对孩子骨骼发育和造血十分有益，可预防小儿贫血。

鱿鱼………………… 300g
洋葱……………………50g

海鲜酱……… 2汤匙(30g)
甜面酱……… 1汤匙(15g)
植物油…… 1汤匙(15ml)
孜然粉、芝麻 …… 各少许

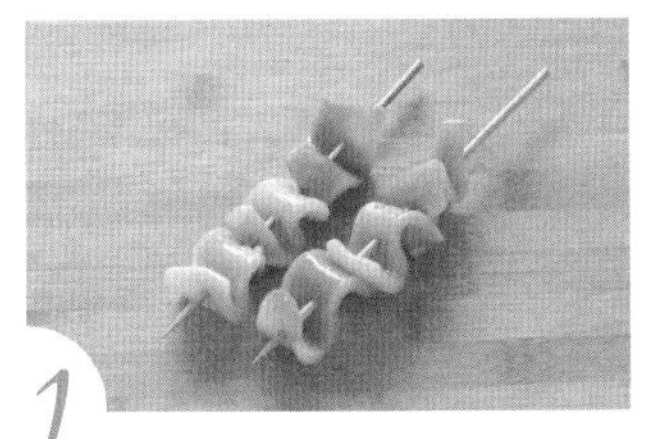

1 将鱿鱼洗净，去掉表面筋膜，沥干水分后，依喜好切片或切条，用竹签串好备用。

2 洋葱去掉外皮，去根，洗净，切成碎末。

3 将烤架上刷一层植物油，放上鱿鱼串，撒上洋葱碎，在鱿鱼串上再刷上一层植物油。

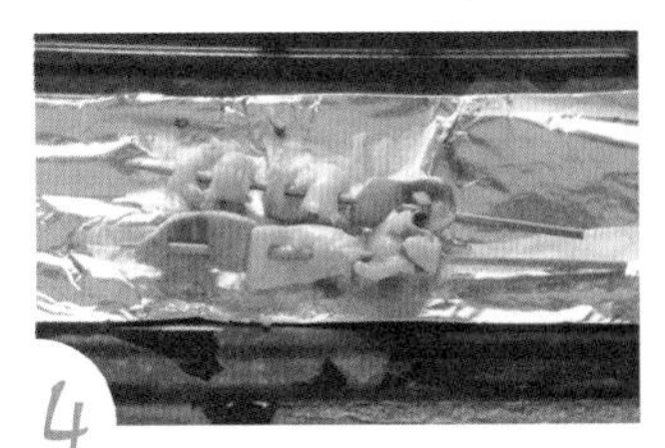

4 将鱿鱼串放入预热到220℃的烤箱烤8分钟取出备用。

5 刷上海鲜酱和甜面酱的混合酱汁，撒上孜然粉和芝麻，再放回烤箱烤2分钟即可。

my baby loves to eat

汤汤水水

有汤喝，有肉吃！

胡萝卜木耳炖鸡汤

用料

鸡························1只
胡萝卜··············· 1～2根
黑木耳···················15g

调料

料酒········· 1汤匙(15ml)
葱、姜 ··············· 各适量
盐·················1茶匙(5g)

做法

1 胡萝卜去皮，洗净，切成大块；黑木耳洗净，放入清水中浸泡至泡发。

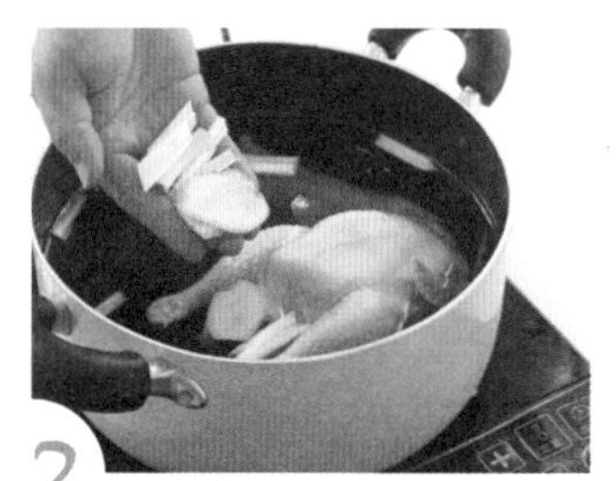

2 将鸡清洗干净，放入炖锅中，加入清水到锅的最高水位线，加入适量的料酒和葱姜，大火烧开，撇去浮沫。

3 改小火炖1小时，加入切块的胡萝卜和泡软的黑木耳，继续炖半个小时，加盐调味，熄火即可食用。

面团妈妈小叮咛

炖汤的味道合适的话，鸡肉可能会口感偏淡，可以用酱油、香油、盐调成一个味汁，蘸着鸡肉吃即可。

用酸奶画个笑脸吧！

奶味胡萝卜汤

胡萝卜……………… 200g
洋葱………………… 1/2个
酸奶………………… 80ml

姜汁……… 1/2汤匙(8ml)
橄榄油…… 1汤匙(15ml)
盐…………………… 2g
黑胡椒粉……………… 2g

1 胡萝卜去皮，洗净，切成薄片，放入搅拌机中搅碎，倒入锅中。

2 洋葱去掉外皮，洗净，切成蓉备用；锅中加入适量清水煮沸，转小火继续熬煮10分钟。

3 平底锅中放入橄榄油，中火热锅，放入姜汁、洋葱一起炒，直到洋葱变软。

4 与搅碎的胡萝卜混合后，继续煮1分钟，加入盐及黑胡椒粉调味，食用时，加入酸奶拌匀即可。

面团妈妈小叮咛

胡萝卜一定要选择细小光滑无硬心的，这样的胡萝卜吃起来口感清甜，没有胡萝卜本身的怪味。

我最爱的早餐!

奶油口蘑汤

〈用料〉

牛奶……500ml
彩椒碎……20g
面粉……60g
口蘑……5朵
罗勒碎……1茶匙(5g)
面包……适量

〈调料〉

盐……2g
奶油……3汤匙(45ml)
鸡精……1g
橄榄油……少许

〈做法〉

1 将炒锅擦干净，放在小火上烧热，放入面粉翻炒至闻到香味熄火，将面粉筛匀备用。

2 口蘑洗净，切成薄片；面包切成方丁后。

3 将牛奶、奶油倒入锅里用小火煮，倒入面糊，用搅拌器充分搅拌均匀。

4 向锅中放入口蘑、彩椒碎，撒入盐和鸡精调味，淋入少许橄榄油煮开，撒入罗勒碎即可。

面团妈妈小叮咛

也可以在一开始将很少量的橄榄油均匀涂在锅底，只需薄薄一层，这样炒面就更香了。

一口一个鹌鹑蛋!

鹌鹑蛋竹荪汤

面团妈妈小叮咛 这样做的鹌鹑蛋孩子们非常爱吃，几个小朋友凑在一起的时候，都在抢汤里面的鹌鹑蛋吃呢!

<用料>

干竹荪……………………50g
鹌鹑蛋………………… 20个

<调料>

盐…………… 2茶匙(10g)
白胡椒粉…… 1/2茶匙(3g)
清鸡汤…………… 300ml

<做法>

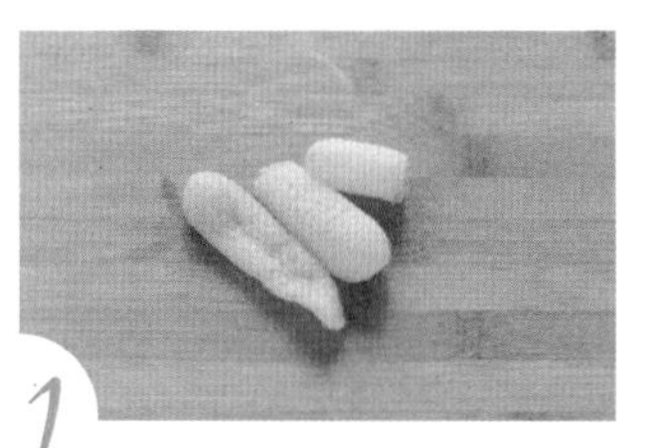

1 将竹荪先用凉水清洗，再用温水泡胀，去除泥沙，再冲洗几遍。

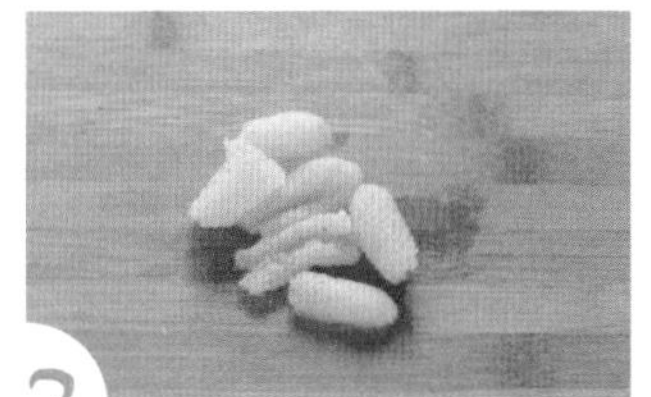

2 发好的竹荪纵向剖成两半，把头尾两端的尖切去，改切3cm的长段。

3 大火烧开煮锅中的水，将竹荪放入，用开水汆一下，捞出沥水。

4 将鹌鹑蛋放入原煮锅的热水中，用小火将鹌鹑蛋煮熟（大约8分钟），捞出浸入盛有凉水的大碗中，待稍凉后剥去蛋壳。

5 另用锅将清鸡汤烧开，放入竹荪，再放盐和白胡椒粉调味。

6 把鹌鹑蛋放入汤碗中，将竹荪汤倒进去即可食用。

多吃长高个儿！

芦笋浓汤

西团妈妈小叮咛 可在芦笋浓汤盛入碗或汤盘后，再浇一些浓奶油提味，这样浓汤的奶香浓郁，孩子会非常喜欢。

芦笋…………………… 300g
清鸡汤…………… 100ml
鲜奶油……………… 50ml
蛋黄…………………1个
土豆……………… 1/2个

盐………………1茶匙(5g)
白胡椒粉…… 1/2茶匙(3g)

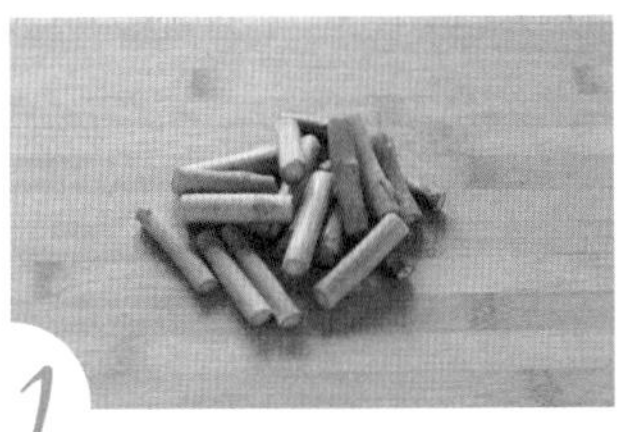

1 芦笋切去硬的根部，在清水中洗净。煮锅内放入适量清水，烧开，放入整棵芦笋煮15分钟，捞出备用。

2 将芦笋煮软的上部嫩尖切下，浸在凉开水中；剩下的部分切成5厘米长的段，再放入煮锅内。

3 土豆削去皮，在水中洗净，随意切成大块，放入锅中。

4 将清鸡汤添入煮芦笋的水中，用小火煮约25分钟备用。

5 用漏勺捞出汤里的菜（或用筛网滤去汤汁），放入搅拌器中打成菜泥。

6 蛋黄打散，加入鲜奶油，搅匀后和菜泥混合，充分搅拌，倒入汤里搅打，放盐和白胡椒粉，再次烧开，加入备用的芦笋嫩尖即可。

我是大力水手：

菠菜蛋汤

〈用料〉

菠菜…………………… 150g
鸡蛋……………………2个
姜……………………… 3g
葱……………………… 5g

〈调料〉

盐……………1茶匙(5g)
香油………………… 少许
鸡精…………1/2茶匙(3g)
生抽………… 1茶匙(5ml)
植物油…… 1汤匙(15ml)

〈做法〉

1 将鸡蛋调入1/2茶匙盐，充分打散。

2 大火加热炒锅中的植物油，并转动炒锅使油沾满锅内壁，等到油微微冒烟时，下蛋液拨炒，待鸡蛋炒成蛋皮，随即捞出，切成细丝。

3 姜及葱洗净，切丝；用砂锅煮滚适量清水，先下菠菜，稍煮片刻，放鸡精、盐及葱，再放下鸡蛋皮略煮，淋入生抽、香油即可食用。

面团妈妈小叮咛

1.菠菜若烹调时间过长，其中的维生素C易遭破坏，所以聪明的妈妈一定要快手做出最有营养的菠菜汤。

2.菠菜要先洗后切不要切碎了再洗，否则营养会流失太多。菠菜有涩味，先在开水中焯一下，捞起来再烹调，既能去掉影响孩子吸收营养的草酸，也可去掉涩味。

甜甜的，真好喝：

银耳莲子羹

干银耳……………………25g

干莲子……………………20g

红枣…………………… 10个

枸杞…………………… 少许

冰糖…………………… 适量

1 将银耳用清水洗净后，浸泡约30分钟，充分泡发，去掉银耳的黄色的根部，用手掰开成小片。

2 干莲子、红枣、枸杞用清水洗干净。

3 煮锅中加入适量清水，放入银耳、莲子、红枣、枸杞，大火将水烧开，然后调至小火，继续煮30分钟至银耳熟烂。

4 加入冰糖调味后继续煮20分钟即可。

面团妈妈小叮咛

孩子对甜食爱好程度不同，但是这里面的糖还是尽量少放，可以在餐桌上放上一小碟细砂糖，这样孩子就可以根据自己的爱好酌量增减了。

⋆如何防治婴幼儿的便秘？

由于婴幼儿发生便秘的具体情况不同，因此最好先找专业医生，按医生的建议去做，一般不要滥吃泻药。先从饮食治疗入手，改变饮食习惯，多吃蔬菜、水果，必要时吃蜂蜜，加强活动，都可收到不错的效果。对于因疾病引起的便秘，要以治疗原发病为主。

（1）养成良好的生活习惯：不好的排便习惯是造成宝宝便秘的重要原因，因此家长要让婴幼儿从小养成每天按时排便的好习惯，这样可以避免便秘。由于婴幼儿胃肠功能尚不完善，一定不要滥用泻药，避免引起胃肠功能紊乱。总之，培养良好的生活习惯才是防治便秘的“灵丹妙药”。

（2）饮食结构的合理搭配：这也是防治便秘的有效方法。家长要尽量避免孩子偏食挑食，蛋白质类食物不要吃得过多，适当地吃一些淀粉类的食物，如米饭、面条、玉米、土豆、芋头等；含纤维素多的食物可以促进胃肠道的蠕动，促进排便，如红薯、新鲜蔬菜瓜果等。一些含油脂比较多的食品，如芝麻、核桃仁、杏仁、蜂蜜等都有润肠作用，使大便变软而易排出。

（3）防治婴幼儿便秘的食疗方：

方1：菜汤。鲜菠菜或白菜适量，煮汤饮用。

方2：萝卜汁。红心萝卜捣成泥状取汁（或榨汁机取汁），白糖适量，共煮2～3分钟，温服。

方3：萝卜子10～20克，炒黄研细粉，加糖水冲服，每日分1～2次服。

婴幼儿腹泻发病的原因有哪些？

小儿腹泻又称腹泻病，是由多种因素引起的以大便次数增多和大便性状改变为特点的常见病。6个月至2岁的婴幼儿发病率比较高，是造成婴幼儿营养不良、生长发育障碍，甚至死亡的主要原因之一。

腹泻病的发病主要是由于婴幼儿存在易感因素和家长喂养不当造成。

婴幼儿容易发生腹泻的易感因素：①婴幼儿消化系统的发育还没有成熟，胃酸和消化酶分泌的比较少，酶的活力偏低，不能适应食物质和量的比较大的变化；生长发育比较快，所需营养物质相对较多，胃肠的负担比较重，容易发生消化功能紊乱。②机体的防御功能较差，一是婴幼儿胃酸偏低，胃排空比较快，对进入胃的细菌杀灭能力比较弱。二是宝宝血清免疫球蛋白（尤其是IgM、IgA）和胃肠分泌型IgA均比较低。三是婴幼儿正常肠道菌群对入侵的致病微生物有拮抗作用，新生儿生后尚未建立正常肠道菌群时，或者由于使用抗生素等引起肠道菌群失调时，均易患肠道感染，引起腹泻。③人工喂养因素。母乳中含有大量体液因子（SIgA、乳铁蛋白）、巨噬细胞和粒细胞，有很强的抗肠道感染的作用。牛乳虽也有上述某些成分，但在加热过程中被破坏，而且人工喂养的食物和食具极易受污染，所以人工喂养的婴幼儿肠道感染发生率明显高于母乳喂养的婴幼儿。④由于气候突然变化、腹部受凉、肠蠕动增加，或天气过热、消化液分泌减少等，均可诱发消化功能紊乱引起腹泻。

喂养不当为何容易引起婴幼儿腹泻？

喂养不当包括食物不洁、饮食不节、食物过敏等。

（1）饮食不洁：是指给婴幼儿的食物和用具如奶瓶等受到污染，造成细菌（致泻性大肠杆菌、空肠弯曲菌、耶尔森菌、沙门菌等）、病毒（轮状病毒、柯萨奇病毒、埃可病毒、肠道腺病毒等）、真菌、寄生虫等感染，引起婴幼儿腹泻。

（2）饮食不节：多为人工喂养的婴幼儿，常常因为喂养不定时，饮食量不当；或突然改变食物的品种；或添加辅食的方法不当，如添加的辅食量过多过快，不是逐渐增加量；或添加辅食的种类过多，不是遵循每次添加一种循序渐进的原则。此外，过早给婴幼儿喂大

量淀粉或脂肪类食品，从而引起婴幼儿的消化功能紊乱，造成腹泻，即我们常说的食饵性腹泻。

（3）食物过敏：有些婴幼儿由于属于过敏体质，对于某些食物过敏，可能会引起腹泻，如对牛奶或大豆等过敏，生活中最常见的是对牛奶过敏。这需要家长细心观察，及时发现使婴幼儿过敏引起腹泻的食物，不食该食物后，腹泻就会避免。

婴幼儿腹泻会产生哪些危害？

许多妈妈可能会有这样的体会，婴儿期的孩子易发生腹泻。婴幼儿因胃肠发育尚不成熟，消化酶的活性低，以及对食物的适应能力差等多种原因均可引起腹泻。如喂养不当，辅食添加不合理，饮食不洁，奶具消毒不彻底，各种疾病等，均可致胃肠功能失调出现腹泻。严重腹泻可导致脱水，出现眼窝下陷、口舌干燥、少尿等，长时间腹泻会导致营养不良，影响婴儿的生长发育。

婴幼儿需要有哪些营养要素？

“科学营养饮食”既不是简单地追求饮食丰盛，也不是注重口味之喜好，它是人类从外界摄取有益物质即各营养素以谋求养生的行为或生物学过程。尽管供人类食用的食物五花八门不胜枚举，但就营养素而言，仅为蛋白质、脂肪、碳水化合物、维生素、矿物质、水和纤维素。现代医学认为，占人体约96%的蛋白质、脂肪、碳水化合物和水分，是由氢、氧、碳、氮这四种元素所组成。骨骼的主要成分钙、磷、镁和电解质钠、钾、氯及硫这7种宏量元素，其共同特点是以简单化合物的形式被吸收，并易从肺或肾脏排泄。目前已知，人体必需的微量元素有14种，它们是铁、锌、铜、碘、硒、氟、锰、钼、钴、铬、锡、镍、硅、钒。微量元素主要通过形成结合蛋白，如血红蛋白、铜蓝蛋白等，以及酶、激素和维生素而发挥作用。现已发现，人体中一半以上的酶含有微量元素，它们在酶促反应中起着重要的作用。因此，尽管微量元素在

体内的含量很少，但是也不可缺乏。科学合理的营养是维持婴幼儿健康成长的重要因素，也是使患儿康复的必要条件之一。营养素的需要量是维持人体正常生理功能和健康所必需的最低量。在这种生理需要量的基础上，考虑到食物的加工制作和饮食习惯，以及不同个体的吸收、利用等因素而确定。

婴幼儿的蛋白质生理需要量是多少？

婴幼儿不仅需要蛋白质补充损耗，而且还要用于生长，婴幼儿生长旺盛，所以对蛋白质的需要量相对比较高。因此，蛋白质的供给量比成年人相对要多。人乳哺喂者，每千克体重每日需要2克蛋白质，牛乳蛋白质的利用率比人乳略差，故用牛乳喂养者约需3.5克。植物蛋白质的利用率更低，婴儿若全靠植物蛋白供给营养，则每日每千克体重需要4克。1岁以后供给量逐渐减少，直到成年人的每日1.1克/千克体重。蛋白质产热在总能量中的比例也与其生物价值有关，采用优质蛋白质，其产能只占总能量的8%时，便能满足生长需要（如人乳中的蛋白质，其能量只占总能量的8%左右），若采用混合性食物，因其必需氨基酸在总蛋白质中的比例较低，故蛋白质所产生的能量往往应占总能量的10%～15%。

给宝宝添加蛋白质越多越好吗?也许有些家长会有这样的想法，既然蛋白质对婴幼儿的成长和发育是这么的重要，就想尽一切办法给自己的宝宝喂一些富含蛋白质的食物。这种做法对孩子是否有益呢专家给出的答案是这样的：这种做法对宝宝非但无益，还会有许多危害。因为蛋白质不是摄入的越多越好，若蛋白质摄入过多，将会有较多的含氮废物从肾脏排出，因此机体排出的水分增加，可引起慢性失水。当饮水有限时，将会出现低热，即通常所说的蛋白热。

聪明妈妈的创意美食